基于共轭梯度法的三项投影算法的理论及应用研究

高佩婷　著

东北大学出版社

·沈　阳·

图书在版编目（CIP）数据

基于共轭梯度法的三项投影算法的理论及应用研究 / 高佩婷著. — 沈阳 ：东北大学出版社，2024. 4

ISBN 978-7-5517-3531-5

Ⅰ. ①基… Ⅱ. ①高… Ⅲ. ①梯度投影算法—研究 Ⅳ. ①O242. 23

中国国家版本馆 CIP 数据核字（2024）第 094246 号

出 版 者：东北大学出版社

地址：沈阳市和平区文化路三号巷 11 号

邮编：110819

电话：024-83683655（总编室）

024-83687331（营销部）

网址：http://press. neu. edu. cn

印 刷 者：辽宁一诺广告印务有限公司

发 行 者：东北大学出版社

幅面尺寸：170 mm×240 mm

印　　张：9. 25

字　　数：166 千字

出版时间：2024 年 5 月第 1 版

印刷时间：2024 年 5 月第 1 次印刷

策划编辑：罗　鑫

责任编辑：郎　坤

责任校对：刘新宇

封面设计：潘正一

责任出版：初　茗

ISBN 978-7-5517-3531-5　　　　定　价：42. 00 元

前　言

本书主要研究基于共轭梯度法的三项投影算法的理论及其求解大规模非线性单调方程组、信号恢复方面的应用。

第 1 章介绍所研究问题的学术背景和相关研究成果以及一些相关的知识。

第 2 章提出了一种含有谱商参数的三项无导数投影算法。首先，提出一种含谱商参数的三项共轭梯度法，该方法满足 Dai-Liao 共轭条件、拟牛顿方程和充分下降条件，而且这些性质不依赖于任何线搜索。然后结合 Solodov 和 Svaiter 提出的投影技术，得到一种含有谱商参数的三项无导数投影算法。在恰当的假设条件下，该算法是全局和 R 阶线性收敛的。最后，将该算法应用于求解大规模单调非线性方程组，取得了较好的数值实验结果。

第 3 章提出了一种基于 LS 法的三项无导数投影算法。首先，在原有的 HS 法的基础上，设计出满足同样性质的 LS 法的三项投影算法。该算法的充分下降性不依赖于任何线搜索。在恰当的假设条件下，该算法是全局和 R 阶线性收敛的。最后，将该算法应用于求解大规模单调非线性方程组，取得了良好的数值实验结果。

第 4 章提出两种含有单个参数的三项无导数投影算法。首先，构造一种含有单个自适应参数的三项共轭梯度法，其中参数是通过极小化相关矩阵与 BFGS 迭代矩阵之间的距离获得的。结合投影技术，提出两种三项无导数投影算法。在恰当的假设条件下，证明了两种算法的全局收敛性和 R 阶线性收敛。最后，应用这两种算法来求解大规模含有凸约束的单调非线性方程组和恢复稀疏信号，取得了较好的实验结果。

第 5 章提出一种高效的三项无导数投影算法。首先，在原有算法的基础上，通过添加谱商参数，并结合 Dai-Liao 共轭条件，设计出新的共轭梯度法。然后结合超平面投影技术和投影算子，提出一种三项投影算法。在恰当的假设条件下，该算法是全局和 R 阶线性收敛的。最后，将该算法应用于求解大规模含有凸约束的单调非线性方程组和恢复稀疏信号，并取得了较好的数值实验结果。

第 6 章提出一种含有双参数的三项投影算法。首先，构造一种含有双参数的三项共轭梯度法。其中的参数是通过拟牛顿方程和化简相关矩阵的最大特征值获得的。然后结合投影技术，提出一种三项投影算法。在恰当的假设条件下，该算法是全局和 R 阶线性收敛的。最后，将该算法应用于求解大规模含有凸约束的单调非线性方程组和恢复稀疏信号，取得了较好的实验结果。

第 7 章总结与展望。

符号表

$\mathbf{R}$	实数集
$\mathbf{R}^n$	n 维实列向量空间
$\mathbf{R}_+^n$	n 维非负实列向量空间
$\mathbf{R}^{m\times n}$	$m\times n$ 阶矩阵的集合
$\mathbf{N}$	非负整数集
$\mathbf{N}^+$	正整数集
$\forall$	任意的
$\boldsymbol{x}_i$	第 i 个实列向量
$\boldsymbol{x}^i$	列向量 $\boldsymbol{x}$ 的第 i 个分量
$f\ (x)$	实值函数
$\boldsymbol{g}\ (x)$	实值函数 f（x）的梯度
$\mathbf{0}$	零向量
$\min\ \{a,\ b\}$	取 a 和 b 中最小的
$\max\ \{a,\ b\}$	取 a 和 b 中最大的
$\boldsymbol{A}^{-1}$	非奇异矩阵 $\boldsymbol{A}$ 的逆
$\boldsymbol{A}^{\mathrm{T}}$	矩阵 $\boldsymbol{A}$ 的转置
$\Vert\cdot\Vert$	向量的欧式范数
$\Vert\cdot\Vert_\infty$	向量的无穷范数
$<\boldsymbol{x},\ \boldsymbol{y}>$	向量 $\boldsymbol{x}$ 和 $\boldsymbol{y}$ 的内积
$\boldsymbol{F}_k$	映射 $\boldsymbol{F}$ 在点 $\boldsymbol{x}_k$ 处的函数值，即 $\boldsymbol{F}\ (\boldsymbol{x}_k)$

目　录

1 绪 论

非线性共轭梯度法是一种非常有效并且被广泛应用的方法。本书主要研究五种高效的基于共轭梯度法的三项投影算法，讨论这些算法的全局收敛性、R阶线性收敛以及它们的数值效果，把这些算法应用到求解大规模非线性方程组和信号恢复中去。

下面重点介绍三项共轭梯度法和无导数投影法的一些研究背景以及与本书相关的已有结果。

1.1 经典的共轭梯度方法和相关研究

线性共轭梯度法的提出起源于20世纪50年代初，该方法是由Hestenes和Stiefel在文献[1]中为求解线性方程组提出的。随后，Fletcher和Reeves[2]将线性共轭梯度法的思想推广到求解非线性最优化问题中去，从而开始了对非线性共轭梯度法的研究。因为非线性共轭梯度法是一种仅需要计算一阶导数的最优化方法，所以它具有迭代结构简洁和储存量小的特性。除此之外，它还克服了最速下降法收敛速度慢与牛顿法需要计算和储存二阶导数的缺点，并且收敛速度与牛顿法不相上下。这些优点使得非线性共轭梯度法非常适合求解大规模的优化问题。

与此同时，由于科学技术的快速发展，在工程领域中，许多实际问题的规模越来越大，这就导致了传统的牛顿法和拟牛顿法的计算量和存储量越来越大。显然，传统的牛顿法和拟牛顿法已经不再适用于求解这类问题。人们迫切地需要寻找新的方法来解决实际生活中遇到的大规模问题。此时，具有收敛速度快和储存量小优点的非线性共轭梯度法引起了人们的关注。关于非线性共轭梯度法的系统性介绍，可参考文献[3]。

非线性共轭梯度法主要用于求解无约束极小化问题，下面介绍有关非线性共轭梯度法求解无约束极小化问题的相关知识。

假设目标函数$f(\boldsymbol{x})$是连续可微的，无约束优化问题可表示为

$$\min_{x \in \mathbf{R}^n} f(\boldsymbol{x}) \tag{1.1}$$

共轭梯度法求解问题(1.1)的标准迭代公式为

$$\boldsymbol{x}_{k+1}=\boldsymbol{x}_k+\alpha_k\boldsymbol{d}_k,\ k=0,\ 1,\ 2,\ \cdots \tag{1.2}$$

其中，α_k 是由某种线搜索获得的步长，$\boldsymbol{d}_k$ 是搜索方向，$\boldsymbol{d}_0=-\nabla f(\boldsymbol{x}_0)$，$\boldsymbol{x}_0$ 是给定的初始点。

从式(1.2)可知，新的迭代点 $\boldsymbol{x}_{k+1}$ 主要是由线搜索步长 α_k 和搜索方向 $\boldsymbol{d}_k$ 两个因素所确定的。因此，下面简要介绍确定步长 α_k 的常用方法以及搜索方向 $\boldsymbol{d}_k$ 的一些研究结果。

确定线搜索步长 α_k 的常用方法有如下几种：

(1)精确线搜索

迭代步长 α_k 满足：

$$f(\boldsymbol{x}_k+\alpha_k\boldsymbol{d}_k)=\min_{\alpha>0} f(\boldsymbol{x}_k+\alpha\boldsymbol{d}_k) \tag{1.3}$$

(2) Armijo 线搜索[4]

迭代步长 α_k 为集合 $\{\alpha_k=\rho^i s \mid i=0,\ 1,\ \cdots,\ \rho\in(0,\ 1),\ s>0\}$ 中满足不等式(1.4)成立的最大元素：

$$f(\boldsymbol{x}_k+\alpha_k\boldsymbol{d}_k)\leqslant f(\boldsymbol{x}_k)+\delta\alpha_k\boldsymbol{g}_k^{\mathrm{T}}\boldsymbol{d}_k,\ \delta\in\left(0,\ \frac{1}{2}\right) \tag{1.4}$$

(3) Armijo 类线搜索[5]

迭代步长 α_k 为集合 $\{\alpha_k=\rho^h \mid h=0,\ 1,\ 2,\ \cdots,\ \rho\in(0,\ 1)\}$ 中满足不等式(1.5)成立的最大的元素：

$$f(\boldsymbol{x}_k+\alpha_k\boldsymbol{d}_k)-f(\boldsymbol{x}_k)\leqslant-\delta\alpha_k^2\|\boldsymbol{d}_k\|^2,\ \delta>0 \tag{1.5}$$

(4) Wolfe-Powell 线搜索[6]

迭代步长 $\alpha_k>0$，并且同时满足不等式(1.6)和不等式(1.7)：

$$f(\boldsymbol{x}_k+\alpha_k\boldsymbol{d}_k)\leqslant f(\boldsymbol{x}_k)+\sigma_1\boldsymbol{g}_k^{\mathrm{T}}\boldsymbol{d}_k \tag{1.6}$$

$$g(\boldsymbol{x}_k+\alpha_k\boldsymbol{d}_k)^{\mathrm{T}}\boldsymbol{d}_k\geqslant\sigma_2\boldsymbol{g}_k^{\mathrm{T}}\boldsymbol{d}_k \tag{1.7}$$

其中 $\sigma_1\in\left(0,\ \frac{1}{2}\right)$，$\sigma_1<\sigma_2<1$。该方法的优点在于当上述两个条件被满足时，目标函数会有充足的下降量。

(5)强 Wolfe-Powell 线搜索[7]

迭代步长 $\alpha_k>0$，并且同时满足不等式(1.8)和不等式(1.9)：

$$f(\boldsymbol{x}_k+\alpha_k\boldsymbol{d}_k)\leqslant f(\boldsymbol{x}_k)+\sigma_1\boldsymbol{g}_k^{\mathrm{T}}\boldsymbol{d}_k \tag{1.8}$$

$$|\boldsymbol{g}(\boldsymbol{x}_k+\alpha_k\boldsymbol{d}_k)^{\mathrm{T}}\boldsymbol{d}_k|\leqslant\sigma_2|\boldsymbol{g}_k^{\mathrm{T}}\boldsymbol{d}_k| \tag{1.9}$$

其中，$\sigma_1\in\left(0,\ \frac{1}{2}\right)$，$\sigma_1<\sigma_2<1$。

(6) Wolfe 类线搜索[8]

迭代步长 $\alpha_k>0$，同时满足不等式(1.10)和不等式(1.11)：

$$f(\boldsymbol{x}_k+\alpha_k\boldsymbol{d}_k)\leqslant f(\boldsymbol{x}_k)-\rho\alpha_k^2\|\boldsymbol{d}_k\|^2 \tag{1.10}$$

$$\boldsymbol{g}(\boldsymbol{x}_k+\alpha_k\boldsymbol{d}_k)^{\mathrm{T}}\boldsymbol{d}_k\geqslant-2\sigma\alpha_k\|\boldsymbol{d}_k\|^2 \tag{1.11}$$

其中，$0<\rho<\sigma<1$。

(7) Goldstein 线搜索条件[7]

迭代步长 $\alpha_k>0$，使得 α_k 满足不等式(1.12)和不等式(1.13)：

$$f(\boldsymbol{x}_k+\alpha_k\boldsymbol{d}_k)\leqslant f(\boldsymbol{x}_k)+\sigma\alpha_k\boldsymbol{g}_k^{\mathrm{T}}\boldsymbol{d}_k \tag{1.12}$$

$$f(\boldsymbol{x}_k+\alpha_k\boldsymbol{d}_k)\geqslant f(\boldsymbol{x}_k)+(1-\sigma)\alpha_k\boldsymbol{g}_k^{\mathrm{T}}\boldsymbol{d}_k,\ \sigma\in\left(0,\ \frac{1}{2}\right) \tag{1.13}$$

(8) Grippo-Lucidi 线搜索[9]

迭代步长 α_k 为集合

$$\left\{\alpha_k=\rho^j\frac{\mu|\boldsymbol{g}_k^{\mathrm{T}}\boldsymbol{d}_k|}{\|\boldsymbol{d}_k\|^2}\,|\,j=0,\ 1,\ 2,\ \cdots,\ \mu>0,\ \delta>0,\ \rho\in(0,\ 1)\right\}$$

中满足不等式(1.14)和不等式(1.15)成立的最大元素：

$$f(\boldsymbol{x}_k+\alpha_k\boldsymbol{d}_k)\leqslant f(\boldsymbol{x}_k)-\delta\alpha_k^2\|\boldsymbol{d}_k\|^2 \tag{1.14}$$

$$-c_1\|\boldsymbol{g}_{k+1}\|^2\leqslant\boldsymbol{g}_{k+1}^{\mathrm{T}}\boldsymbol{d}_{k+1}\leqslant-c_2\|\boldsymbol{g}_{k+1}\|^2 \tag{1.15}$$

其中，$0<c_2<1<c_1$。Grippo 和 Lucidi[9]还证明在该线搜索条件下，PRP 法在求解非凸优化问题时具有全局收敛性。

下面介绍本书重点关心的另一个影响因素——搜索方向 $\boldsymbol{d}_k$ 的研究状况。

传统的搜索方向 $\boldsymbol{d}_k$ 定义为

$$\boldsymbol{d}_k=\begin{cases}-\boldsymbol{g}_k, & k=0,\\ -\boldsymbol{g}_k+\beta_k\boldsymbol{d}_{k-1}, & k\geqslant1\end{cases} \tag{1.16}$$

其中，$\boldsymbol{g}_k=\nabla f(\boldsymbol{x}_k)$，$\beta_k$ 是共轭参数。

不同的共轭参数 β_k 对应不同的共轭梯度法。经典的共轭梯度法有六个，分别是：HS 方法[1]、FR 方法[2]、PRP 方法[10-11]、CD 方法[12]、LS 方法[13]和 DY 方法[14]。这些方法相对应的共轭参数 β_k 依次为：

$$\beta_k^{\mathrm{HS}}=\frac{\boldsymbol{g}_k^{\mathrm{T}}\boldsymbol{y}_{k-1}}{\boldsymbol{d}_{k-1}^{\mathrm{T}}\boldsymbol{y}_{k-1}}$$

$$\beta_k^{\mathrm{FR}}=\frac{\|\boldsymbol{g}_k\|^2}{\|\boldsymbol{g}_{k-1}\|^2}$$

$$\beta_k^{\mathrm{PRP}}=\frac{\boldsymbol{g}_k^{\mathrm{T}}\boldsymbol{y}_{k-1}}{\|\boldsymbol{g}_{k-1}\|^2}$$

$$\beta_k^{\mathrm{CD}}=\frac{\|\boldsymbol{g}_k\|^2}{\boldsymbol{g}_{k-1}^{\mathrm{T}}\boldsymbol{d}_{k-1}}$$

$$\beta_k^{\mathrm{LS}}=\frac{\boldsymbol{g}_k^{\mathrm{T}}\boldsymbol{y}_{k-1}}{\boldsymbol{g}_{k-1}^{\mathrm{T}}\boldsymbol{d}_{k-1}}$$

$$\beta_k^{\mathrm{DY}}=\frac{\|\boldsymbol{g}_k\|^2}{\boldsymbol{d}_{k-1}^{\mathrm{T}}\boldsymbol{y}_{k-1}}$$

其中，$\boldsymbol{y}_{k-1}=\boldsymbol{g}_k-\boldsymbol{g}_{k-1}$。

当目标函数$f(\boldsymbol{x})$为二次函数并且α_k采用精确线搜索时，针对式(1.1)，上述六种共轭参数β_k的取值是相同的。与此同时，算法还具有有限终止的特性，即算法经过有限次迭代后最后终止于问题(1.1)的解。但是，当目标函数$f(\boldsymbol{x})$不是二次函数时，此时不同的共轭梯度法就会有不同的数值实验结果和全局收敛性。

上面所叙述的经典的共轭梯度法，都是在式(1.16)迭代结构的基础上建立起来的。而本书关心的重点是三项的迭代结构。其搜索方向定义为：

$$\boldsymbol{d}_k=\begin{cases}-\boldsymbol{g}_k, & k=0,\\ -\boldsymbol{g}_k+\beta_k\boldsymbol{d}_{k-1}+\theta_{k-1}\boldsymbol{y}_{k-1}, & k\geqslant 1\end{cases}$$

其中，β_k是共轭参数，θ_{k-1}是参数。

下面介绍一些共轭梯度法及研究现状。

(1) FR 方法(Fletcher-Reeves 共轭梯度法)

FR 方法是 1964 年由 Fletcher 和 Reeves[2] 从推广求解线性方程组的想法中得到的。他们所构造的共轭参数的表达式为：

$$\beta_k^{\mathrm{FR}}=\frac{\|\boldsymbol{g}_k\|^2}{\|\boldsymbol{g}_{k-1}\|^2}$$

1970 年，Zoutendijk[15] 最早证明了采取精确线搜索的 FR 法对求解一般非凸函数极小化问题都是收敛的。1977 年，在精确线搜索下，Powell[16] 分析了 FR

方法可能连续产生小步长的性质，即 FR 方法在某一步产生了小步长可能连续多步都产生小步长。这种情况可能导致 FR 方法的收敛速度非常慢，同时，也在理论上给出了 FR 方法在实际数值计算中表现不好的原因。1985 年，Al-Baali[17]证明了在强 Wolfe 线搜索条件下，当参数 $0<\delta<\sigma<0.5$ 时，FR 方法是充分下降的，并且针对非凸的目标函数该方法也是全局收敛的。1995 年，Liu 等[18]将 Al-Baali 的参数选择推广到 $\sigma=0.5$；Dai 和 Yuan[19]构造出了当 $\sigma>0.5$ 时，使 FR 方法失效的反例。在文献[19]中，Dai 和 Yuan 还分析了当线搜索为强 Wolfe 线搜索时，只要 FR 方法的搜索方向是下降的，就很容易可以得到 FR 的全局收敛性。1996 年，Dai 和 Yuan[20]在强 Wolfe 线搜索条件下，较为系统地分析了 FR 方法的充分下降性和全局收敛性。1998 年，Wang 和 Zhang[21]证明了 FR 方法在广义 Armijo 线搜索下的全局收敛性。

从早期的研究可以看出，前人对 FR 方法的研究都停留在对其本身特性的挖掘，而并不涉及任何的应用背景。近年来，越来越多的学者更多地考虑构造 FR 方法的变形形式，并将该方法应用到求解实际问题中去。

2011 年，Li 和 Wang[22]提出一种修正的 FR 型无导数方法来求解对称的非线性方程组。2015 年，Babaie-Kafaki 和 Ghanbari[23]提出了 FR 和 PRP 混合型的共轭梯度法，其中混合参数是通过极小化相关矩阵和 Zhang 等[24]所提的搜索方向的相关矩阵之间的距离来获得；Papp 和 Rapaji[25]提出了一种 FR 型的方法来求解大规模单调非线性方程组。2016 年，Zeng 和 Zhou[26]提出了一种修正的 FR 型共轭梯度法，并把它应用到计算对称张量中去。2017 年，Li 等[27]提出了一类修正的 FR 共轭梯度法来求解无约束优化问题，并把它应用到非负矩阵的因式分解中。

(2)PRP 方法

PRP 方法是目前数值表现最好的共轭梯度法之一。当算法产生小步长时，由 PRP 方法产生的搜索方向 $\boldsymbol{d}_k$ 能自动靠近负梯度方向。因此，该方法具有自动重启的功能，这样就能够有效克服 FR 方法可能出现连续产生小步长的缺点。

1992 年，Gilbert 和 Nocedal[28]举出反例显示了即使对于一致凸的目标函数，β_k^{PRP} 也有可能为负。基于 Powell[29]提出的非负建议，Gilbert 和 Nocedal[28]提出了 PRP^+方法。Gilbert 和 Nocedal 的这个工作，将非线性共轭梯度法全局收敛性分析又推向了高潮。1997 年，戴彧虹等[3]举出了反例，表明了即使 $f(\boldsymbol{x})$ 是一致凸的，并且参数 $\sigma\in(0,1)$ 是充分小的，PRP 方法也有可能在迭代过程中产生一个上升方向。

从早期的研究可以看出，前人对 PRP 方法的研究都停留在对其本身特性的挖掘，而并不涉及任何的应用背景。近年来，越来越多的学者更多地关注设计各种 PRP 方法的变形形式，并将该算法应用到求解实际问题中去。

2014 年，Zhou 和 Shen[30]提出了一种无导数的 PRP 算法，并将该算法用来求解对称的方程组；Li[31]也提出了一种 PRP 型的无导数算法来求解非线性方程组；Babaie-Kafaki 和 Ghanbari[32]提出了一种含参数拓展的 PRP 共轭梯度法，其中参数是由对称化的相关矩阵的正定性来获得的。2015 年，Yuan 等[33]提出了两种修正型的 PRP 方法来处理无约束优化问题；Yuan 和 Zhang[34]提出了一种三项无导数 PRP 共轭梯度法来求解大规模的非线性方程组；Zhou 和 Wang[35]提出了一种基于 PRP 的残差法来求解大规模的单调非线性方程组。2016 年，Yuan 和 Wei[36]提出了一种修正的 PRP 共轭梯度法来处理非光滑凸优化问题；Dong 等[37]提出了一种三项的 PRP 共轭梯度法来求解无约束优化问题。该搜索方向的一个特点就是靠近牛顿方向或者满足共轭条件。2017 年，Yin 等[38]提出了一种具有 Armijo 线搜索的修正型 PRP 共轭梯度法来求解无约束优化问题；Wu[39]提出了一种修正的三项共轭梯度法来处理优化模型；Tarzanagh 等[40]提出了一种非单调的 PRP 法来求解平方和失定的方程组；Babaie-Kafaki 和 Ghanbari[41]提出了含有参数的拓展型 PRP 方法，其中的参数分别是通过极小化相关矩阵的条件数和极小化相关矩阵与 Zhang 等[24]提出的搜索方向的相关矩阵的距离获得的。2018 年，Mohammad[42]提出了对角化的 PRP 类型的共轭梯度法来求解含有凸约束的单调非线性方程组。

(3) HS 方法

HS 方法由 Hestenes 和 Stiefel[1]首次提出的。因为 HS 方法和 PRP 方法很相似，所以它们的数值表现和收敛性也很相似。但是，HS 方法具有一个重要的性质就是在任何线搜索条件下，共轭关系式 $\boldsymbol{d}_k^{\mathrm{T}}\boldsymbol{y}_{k-1}=0$ 总是成立。具体地，如果线搜索是精确线搜索，可得 $\boldsymbol{d}_{k-1}^{\mathrm{T}}\boldsymbol{y}_{k-1}=\|\boldsymbol{g}_{k-1}\|^2$，进而得到 $\beta_k^{\mathrm{HS}}=\beta_k^{\mathrm{PRP}}$。鉴于上述分析，可以知道采用精确线搜索的 HS 方法求解一般的非凸极小化问题时，该算法不一定是收敛的。与此同时，类似于 PRP 算法，1992 年，Gilbert 和 Nocedal[28]也提出了 HS$^+$算法，其中 $\beta^{\mathrm{HS}^+}=\max\{\beta^{\mathrm{HS}},0\}$。在文献[28]中，Gilbert 和 Nocedal 还证明了在搜索方向满足充分下降条件和目标函数的一阶导数满足 Lipschitz 条件下，该算法的全局收敛性。随后，在文献[43]中，戚厚泽等提出了修正型 HS 方

法，并在目标函数一阶导数满足 Lipschitz 条件下，证明了该算法的全局收敛性。

除了传统的迭代结构之外，HS 方法的搜索方向还有另外一种表示方法，该方法是 Perry[44] 在 1977 年发现的，即 HS 的搜索方向还可以用相关矩阵的形式表示

$$\boldsymbol{d}_k=-\boldsymbol{P}_k\boldsymbol{g}_k$$

其中

$$\boldsymbol{P}_k=\boldsymbol{I}-\frac{\boldsymbol{d}_{k-1}\boldsymbol{y}_{k-1}^{\mathrm{T}}}{\boldsymbol{d}_{k-1}^{\mathrm{T}}\boldsymbol{y}_{k-1}}$$

Perry 还发现在精确的线搜索下，要满足共轭条件，就需要寻找满足下面等式的正定矩阵 $\boldsymbol{P}_k$：

$$\boldsymbol{P}_k^{\mathrm{T}}\boldsymbol{y}_{k-1}=\boldsymbol{s}_{k-1} \tag{1.17}$$

可以看出，式(1.17)实际上就是拟牛顿方程。若选取 BFGS 公式进行迭代更新相关矩阵 $\boldsymbol{P}_k$，就可以得到无记忆 BFGS 方法。

从早期的研究可以看出，前人致力于探索 HS 方法本身的特性，而并不涉及任何的变形和应用背景。近年来，越来越多的学者更多地关注设计各种 HS 方法的变形形式，并将该算法应用到实际问题的求解中去。

2013 年，Yuan 和 Zhang[45] 提出了一种修正的 HS 方法来处理大规模的无约束优化问题；Andrei[46-47] 提出了两种修正型的 HS 算法。2014 年，Liu 和 Li[48] 提出了一种新的修正型三项 HS 方法；Qu 和 Liu[49] 讨论了一种三项重启型 HS 共轭梯度算法的收敛；Shapiee 等[50] 提出了一种修正型的 HS 法来求解无约束优化问题，并在精确线搜索的条件下，获得该算法的全局收敛性。2015 年，Dai 等[51] 对 Perry 提出的共轭梯度法进行了修正，并将它应用于求解大规模的单调非线性方程组。Dong 等[52] 提出了一种修正型的 HS 共轭梯度方法，并且这个方法满足动态的自适应共轭条件。2016 年，通过结合 HS 方法和投影技术，Sun 和 Liu[53] 提出了一种无导数修正型 HS 方法来求解含有凸约束的非线性方程组；Wang 等[54] 在 HS 法的基础上提出了一种新的三项 HS 算法，并将该算法与投影技术相结合来求解含有凸约束的单调非线性方程组；Salleh 和 Alhawarat[55] 提出了一种具有重启特性的修正型 HS 方法来处理无约束优化问题。2017 年，结合 Gauss-Schmidt 正交化，Dong 等[56] 提出了一种含有参数的三项 HS 共轭梯度法，其参数的确定是通过拟牛顿方程来获得的。2018 年，Yao 和 Ning[57] 提出了一种含有自适应参数的三项修正型 HS 共轭梯度法，其中自适应参数是通过极小化

相关矩阵与 BFGS 迭代矩阵之间的距离来获得的；基于 HS^+ 方法和 DY 方法，Livieris 等[58]提出了一种含有参数的混合型共轭梯度法，其中的参数是通过极小化搜索方向的相关矩阵和 BFGS 迭代矩阵之间的距离得到的；Amini 等[59]提出了一种修正型的 HS 共轭梯度法，它的搜索方向是通过极小化与 Narushima 等[60]提出的三项 CG 方法的距离来获得的；Li[61]提出了一种含有自适应参数的修正型 HS 三项共轭梯度法来求解无约束优化问题。其中自适应参数是通过让线搜索无限接近无记忆 BFGS 方法获得的。

(4) DY 方法

DY 法是 1995 年由 Dai 和 Yuan 首次提出的。DY 法的重要特征是在 Wolfe 线搜索下，搜索方向总是下降的。Dai 和 Yuan[14]还证明了在 Wolfe 线搜索条件下 DY 法的全局收敛性。随后，Dai[62]还证明了该方法在任何线搜索条件下，即使新的迭代点远离最优点，它的大部分迭代点仍都满足充分下降性条件。结合这个性质，Dai 证明出了 DY 法在一般线搜索条件下的全局收敛性，并且，给出了 DY 的共轭参数具有如下的等价形式：

$$\beta_k^{\mathrm{DY}}=\frac{\|\boldsymbol{g}_k\|^2}{\boldsymbol{d}_{k-1}^{\mathrm{T}}\boldsymbol{y}_{k-1}}=\frac{\boldsymbol{g}_k^{\mathrm{T}}\boldsymbol{d}_k}{\boldsymbol{g}_{k-1}^{\mathrm{T}}\boldsymbol{d}_{k-1}}$$

这种等价形式被广泛地运用到 DY 方法收敛性的证明中。

从对前人关于 DY 算法的一些工作的总结中可以看出，前人致力于探索 DY 算法本身的特性，而并不涉及任何的变形和应用背景。近年来，越来越多的学者更倾向于去设计各种 DY 算法的变形形式，并将该算法应用到求解实际问题中去。

2013 年，Jiang 和 Jian[63]提出了一种充分下降的 DY 型共轭梯度算法。2015 年，Liu 和 Li[64]提出了一种谱 DY 型投影算法来求解单调非线性方程组；在最小二乘法的基础上，Babaie-Kafaki 和 Ghanbari[65]提出了一种 HS-DY 混合型共轭梯度算法。2016 年，在 HS 法和 DY 法的基础上，Sun 和 Liu[53]提出了一种混合型投影算法来求解含有凸约束的方程组；在 DY 法的基础上，Wang 和 Gao[66]提出了两种混合型的共轭梯度法来处理无约束优化问题。2017 年，Li[67]提出了一种灵活的 DY 型共轭梯度法来求解含有线性等式约束的优化问题；Qiao 等[68]提出了一种混合的 DY 和 HS 共轭梯度法来求解无约束优化问题。

(5) Dai-Liao 方法和 HZ 方法

在非精确线搜索下，Dai 和 Liao[69]引入调比因子 t，进而得到了推广的共轭条件(Dai-Liao 共轭条件)：

$$\boldsymbol{d}_k^{\mathrm{T}}\boldsymbol{y}_{k-1}=-t\boldsymbol{g}_k^{\mathrm{T}}\boldsymbol{s}_{k-1}, \quad t>0$$

而且，在精确线搜索下，新的共轭条件同样满足共轭关系式。

随后，2009 年，在 Li 等[70]所构造的新型共轭条件的基础上，Zhang 等[71]将 Dai-Liao 法变成三项共轭梯度算法。2013 年，Dai 和 Kou[72]巧妙地构造出了一种修正的 Dai-Liao 型共轭参数，并在此基础上，提出了一种新型的三项共轭梯度法。2014 年，Babaie-Kafaki 和 Ghanbari[74]提出了两种含有自适应参数的 Dai-Liao 型共轭梯度法来求解无约束优化问题，这两种自适应共轭梯度法满足修正的共轭条件；Babaie-Kafaki 和 Ghanbari[73]还提出了一类 Dai-Liao 型共轭梯度法，其中 DK 法和 HZ 法都是其特殊形式。2015 年，Babaie-Kafaki 和 Ghanbari[75]提出了两种方法来确定 Dai-Liao 法中的自适应参数；Fatemi[76]提出了一种涉及惩罚参数的三项 Dai-Liao 型共轭梯度法；Dong 等[52]提出了一种修正的 Dai-Liao 型共轭梯度法，该方法满足动态的自适应共轭条件。2016 年，Andrei[77]提出了一种修正的 Dai-Liao 型三项共轭梯度法，其中的自适应共轭参数是由极小化相关矩阵的最大特征值来确定的；在 LS 算法的基础上，Cheng 等[78]提出了一种 Dai-Liao 型的共轭梯度法；Babaie-Kafaki 和 Ghanbari[79]提出一种含单参的对称 Dai-Liao 型共轭梯度法，其中，参数是通过极小化相关矩阵的条件数获得的；在 Dai-Liao 方法的基础上，Dong 和 He[80]提出了一种分段型的共轭梯度法来求解无约束优化问题。2017 年，Babaie-Kafaki 和 Ghanbari[81]提出了一类自适应的 Dai-Liao 型共轭梯度法，其中自适应参数是通过极小化 Dai-Liao 法的相关矩阵与无记忆 BFGS 迭代矩阵之间的距离，并结合 Powell 的非负限制来获得；Andrei[82]提出了一种含有自适应参数的修正型 Dai-Liao 型三项共轭梯度法，其中的自适应参数是通过极小化对称的 Perry 阵和无记忆 BFGS 矩阵获得的；Zheng 等[83]提出了两种新的 Dai-Liao 型共轭梯度法来处理无约束优化问题，其中共轭参数的构造中涉及一个常数。2018 年，Babaie-Kafaki 和 Ghanbari[84]提出了两种方法来确定 Dai-Liao 型中的自适应参数，其亮点主要在于自适应参数构造形式的变化，确定自适应参数的方法是极小化相关矩阵条件数的上界。

以上是 Dai-Liao 型三项共轭梯度法的研究状况。下面将介绍 HZ 方法的相关知识及研究状况。

2005 年，Hager 和 Zhang[85]提出了新型的共轭梯度算法，称为 HZ 方法。其中，共轭参数的构造形式如下：

$$\beta_k^{HZ}=\frac{\boldsymbol{g}_k^T\boldsymbol{y}_{k-1}}{\boldsymbol{d}_{k-1}^T\boldsymbol{y}_{k-1}}-2\frac{\|\boldsymbol{y}_{k-1}\|^2\boldsymbol{g}_k^T\boldsymbol{d}_{k-1}}{(\boldsymbol{d}_{k-1}^T\boldsymbol{y}_{k-1})^2}$$

当目标函数$f(\boldsymbol{x})$是强凸函数时，文献[85]还证明了该方法是全局收敛的。实际上，HZ 方法可以看成 Dai-Liao 型的推广形式，即 $t_k=2\|\boldsymbol{y}_{k-1}\|^2/\boldsymbol{s}_{k-1}^T\boldsymbol{y}_{k-1}$。

2013 年，Xiao 和 Zhu[86]提出了一种修正型的 HZ 投影算法来求解含有凸约束的单调非线性方程组，并把它应用到信号恢复中去；Liu[87]提出了修正型的 HZ 算法。2014 年，Babaie-Kafaki[88]从特征值的角度分析了 HZ 算法的充分下降性。2015 年，Dong 等[89]构造了一种具有分段型迭代结构的三项修正型 HZ 算法；Liu 和 Li[90]提出了一种修正的 HZ 型三项投影算法，并将该法应用到求解含凸约束的单调非线性方程组和信号恢复中去。2016 年，Yuan 等[91]提出了一种修正型的 HZ 方法来处理极小化大规模非光滑优化问题。

1.2 三项共轭梯度法的研究现状

近年来，在经典的共轭梯度法的基础上，一些学者设计出了一系列三项共轭梯度法。这些三项共轭梯度法不仅能够有效地克服相关矩阵的病态，还能在一定程度上避免坏的数值实验结果。

下面重点介绍近年来有关三项共轭梯度法的一些研究情况。

2014 年，Babaie-Kafaki 和 Ghanbari[73]提出了两种含有自适应参数的 Dai-Liao 型共轭梯度法，其构造结构为：

$$\boldsymbol{d}_{k+1}=-\boldsymbol{H}_{k+1}\boldsymbol{g}_{k+1}$$

其中

$$\boldsymbol{H}_{k+1}=\boldsymbol{I}-\frac{1}{2}\frac{\boldsymbol{s}_k\boldsymbol{y}_k^T+\boldsymbol{y}_k\boldsymbol{s}_k^T}{\boldsymbol{s}_k^T\boldsymbol{y}_k}+t_k\frac{\boldsymbol{s}_k\boldsymbol{s}_k^T}{\boldsymbol{s}_k^T\boldsymbol{y}_k}$$

自适应参数是通过保证 $\boldsymbol{H}_{k+1}$的非 1 特征值的非负性得到的。

2015 年，Dong 等[92]提出了一种自适应三项共轭梯度法，其搜索方向表示为：

$$\boldsymbol{d}_{k+1}=-\boldsymbol{g}_{k+1}+\left(\beta_{k+1}^{HS}-t_k\frac{\|\boldsymbol{y}_k\|^2\boldsymbol{g}_{k+1}^T\boldsymbol{d}_k}{(\boldsymbol{d}_k^T\boldsymbol{y}_k)^2}\right)\boldsymbol{s}_k-\frac{\boldsymbol{g}_{k+1}^T\boldsymbol{d}_k}{\boldsymbol{d}_k^T\boldsymbol{y}_k}\boldsymbol{y}_k$$

其中

$$t_k=\frac{2\sqrt{\alpha_k}}{\alpha_k+1}$$

$$\alpha_k = \frac{\| \boldsymbol{s}_k \|^2 \| \boldsymbol{y}_k \|^2}{(\boldsymbol{s}_k^{\mathrm{T}} \boldsymbol{y}_k)^2} - 1$$

Al-Baali 等[93]提出了一种含有双参数的三项共轭梯度法来处理无约束优化问题。他们设计双参数的目的是控制方向导数的大小。其搜索方向的迭代结构如下：

$$\boldsymbol{d}_k = \begin{cases} -\boldsymbol{g}_k, & \text{如果 } k=0 \text{ 或者 } |\boldsymbol{g}_k^{\mathrm{T}} \boldsymbol{p}_k| \leqslant \theta \| \boldsymbol{g}_k \| \| \boldsymbol{p}_k \|, \\ -\boldsymbol{g}_k + \beta_k \boldsymbol{d}_{k-1} + \eta_k \boldsymbol{p}_k, & \text{其他} \end{cases}$$

其中，$\boldsymbol{p}_k$ 是任意的一个非零向量，$0<\theta<1$ 是一个常数，β_k 是一个参数，

$$\eta_k = -\frac{(\gamma_k - 1)\| \boldsymbol{g}_k \|^2 + \beta_k \boldsymbol{g}_k^{\mathrm{T}} \boldsymbol{d}_{k-1}}{\boldsymbol{g}_k^{\mathrm{T}} \boldsymbol{p}_k}$$

γ_k 是另外一个参数。

2016 年，Babaie-Kafaki 和 Ghanbari[79]提出了一种含有自适应参数的三项共轭梯度法，其搜索方向为：

$$\boldsymbol{d}_{k+1} = -\boldsymbol{H}_{k+1} \boldsymbol{g}_{k+1}$$

其中

$$\boldsymbol{H}_{k+1} = \boldsymbol{I} - \frac{\boldsymbol{s}_k \boldsymbol{y}_k^{\mathrm{T}} + \boldsymbol{y}_k \boldsymbol{s}_k^{\mathrm{T}}}{\boldsymbol{s}_k^{\mathrm{T}} \boldsymbol{y}_k} + t_k \frac{\boldsymbol{s}_k \boldsymbol{s}_k^{\mathrm{T}}}{\boldsymbol{s}_k^{\mathrm{T}} \boldsymbol{y}_k}$$

自适应参数 t_k 是通过极小化相关矩阵 $\boldsymbol{H}_{k+1}$ 的条件数获得的。

Andrei[77]提出了一种含有自适应参数的三项共轭梯度法，其搜索方向表示如下：

$$\boldsymbol{d}_{k+1} = -\boldsymbol{g}_{k+1} + \left(\frac{\boldsymbol{g}_{k+1}^{\mathrm{T}} \boldsymbol{y}_k}{\boldsymbol{s}_k^{\mathrm{T}} \boldsymbol{y}_k} - t_k \frac{\boldsymbol{g}_{k+1}^{\mathrm{T}} \boldsymbol{s}_k}{\boldsymbol{s}_k^{\mathrm{T}} \boldsymbol{y}_k} \right) \boldsymbol{s}_k - \frac{\boldsymbol{g}_{k+1}^{\mathrm{T}} \boldsymbol{s}_k}{\boldsymbol{s}_k^{\mathrm{T}} \boldsymbol{y}_k} \boldsymbol{y}_k$$

其中，自适应参数是通过极小化最大特征值获得的。

2017 年，Andrei[82]提出了一种三项自适应共轭梯度法，其搜索方向表示为：

$$\boldsymbol{d}_{k+1} = -\boldsymbol{g}_{k+1} + \left(\frac{1}{\alpha_k} \beta_{k+1}^{\mathrm{HS}} - t_k \frac{\boldsymbol{g}_{k+1}^{\mathrm{T}} \boldsymbol{s}_k}{\boldsymbol{s}_k^{\mathrm{T}} \boldsymbol{y}_k} \right) \boldsymbol{s}_k + \frac{\boldsymbol{g}_{k+1}^{\mathrm{T}} \boldsymbol{s}_k}{\boldsymbol{s}_k^{\mathrm{T}} \boldsymbol{y}_k} \boldsymbol{y}_k$$

其中

$$t_k = \max\left\{ \bar{\eta}_k, \frac{2 \| \boldsymbol{y}_k \|^2}{\boldsymbol{s}_k^{\mathrm{T}} \boldsymbol{y}_k} \right\}$$

$$\bar{\eta}_k = 1 + \eta_k \left(\frac{\| \boldsymbol{y}_k \|^2}{\boldsymbol{s}_k^{\mathrm{T}} \boldsymbol{y}_k} - \frac{\boldsymbol{s}_k^{\mathrm{T}} \boldsymbol{y}_k}{\| \boldsymbol{s}_k \|^2} \right) + \frac{\boldsymbol{s}_k^{\mathrm{T}} \boldsymbol{y}_k}{\| \boldsymbol{s}_k \|^2}$$

$$\eta_k=1 \text{ 或 } \eta_k=\frac{\|\boldsymbol{s}_k\|^2}{\boldsymbol{s}_k^{\mathrm{T}}\boldsymbol{y}_k} \text{ 或 } \eta_k=\frac{\boldsymbol{s}_k^{\mathrm{T}}\boldsymbol{y}_k}{\|\boldsymbol{s}_k\|^2}$$

Andrei[94]还提出一种含有两种自适应参数的三项共轭梯度法，其搜索方向表示为：

$$\boldsymbol{d}_{k+1}=-\boldsymbol{g}_{k+1}+\left(\frac{\boldsymbol{g}_{k+1}^{\mathrm{T}}\boldsymbol{y}_k}{\boldsymbol{s}_k^{\mathrm{T}}\boldsymbol{y}_k}-\omega_k\frac{\boldsymbol{g}_{k+1}^{\mathrm{T}}\boldsymbol{s}_k}{\boldsymbol{s}_k^{\mathrm{T}}\boldsymbol{y}_k}\right)\boldsymbol{s}_k-\frac{\boldsymbol{g}_{k+1}^{\mathrm{T}}\boldsymbol{s}_k}{\boldsymbol{s}_k^{\mathrm{T}}\boldsymbol{y}_k}\boldsymbol{y}_k$$

其中的不同在于 ω_k 的选择。一种 ω_k 的获得方法是通过极小化相关矩阵的最大特征值；另一种 ω_k 是通过极小化条件数的上界来获得的。

2018 年，Andrei[95]提出了一种含有自适应参数的三项共轭梯度法，其搜索方向表示为：

$$\boldsymbol{d}_{k+1}=-\boldsymbol{H}_{k+1}\boldsymbol{g}_{k+1}$$

其中

$$\boldsymbol{H}_{k+1}=\boldsymbol{H}_k-\frac{\boldsymbol{H}_k\boldsymbol{y}_k\boldsymbol{s}_k^{\mathrm{T}}+\boldsymbol{s}_k\boldsymbol{y}_k^{\mathrm{T}}\boldsymbol{H}_k}{\boldsymbol{y}_k^{\mathrm{T}}\boldsymbol{s}_k}+\left(\frac{1}{\gamma_k}+\frac{\boldsymbol{y}_k^{\mathrm{T}}\boldsymbol{H}_k\boldsymbol{y}_k}{\boldsymbol{y}_k^{\mathrm{T}}\boldsymbol{s}_k}\right)\frac{\boldsymbol{s}_k\boldsymbol{s}_k^{\mathrm{T}}}{\boldsymbol{y}_k^{\mathrm{T}}\boldsymbol{s}_k}$$

γ_k 是通过相关矩阵的迹获得的，这正好能够有效地避免特征值右移的现象。

Andrei[96]还提出了一种双参数的三项共轭梯度法，其搜索方向表示为：

$$\boldsymbol{d}_{k+1}=-\boldsymbol{H}_{k+1}\boldsymbol{g}_{k+1}$$

其中

$$\boldsymbol{H}_{k+1}=\frac{1}{\delta_k}\left[\boldsymbol{H}_k-\frac{\boldsymbol{H}_k\boldsymbol{y}_k\boldsymbol{s}_k^{\mathrm{T}}+\boldsymbol{s}_k\boldsymbol{y}_k^{\mathrm{T}}\boldsymbol{H}_k}{\boldsymbol{y}_k^{\mathrm{T}}\boldsymbol{s}_k}+\left(\frac{\delta_k}{\gamma_k}+\frac{\boldsymbol{y}_k^{\mathrm{T}}\boldsymbol{H}_k\boldsymbol{y}_k}{\boldsymbol{y}_k^{\mathrm{T}}\boldsymbol{s}_k}\right)\frac{\boldsymbol{s}_k\boldsymbol{s}_k^{\mathrm{T}}}{\boldsymbol{y}_k^{\mathrm{T}}\boldsymbol{s}_k}\right]$$

从文献[96]可知，一个参数 γ_k 是通过极小化 Dai-Liao 共轭条件获得的，另一个参数 δ_k 是通过相关矩阵的迹获得的。

Livieris 等[58]提出了一种下降的混合型共轭梯度法，其搜索方向的表示如下：

$$\boldsymbol{d}_{k+1}=-\boldsymbol{Q}_{k+1}\boldsymbol{g}_{k+1}$$

其中

$$\boldsymbol{Q}_{k+1}=\boldsymbol{I}-\lambda_k\frac{\boldsymbol{d}_k\boldsymbol{g}_{k+1}^{\mathrm{T}}}{\boldsymbol{d}_k^{\mathrm{T}}\boldsymbol{y}_k}-(1-\lambda_k)\frac{\boldsymbol{d}_k\boldsymbol{y}_k^{\mathrm{T}}}{\boldsymbol{d}_k^{\mathrm{T}}\boldsymbol{y}_k}$$

参数 λ_k 是通过极小化相关矩阵 $\boldsymbol{Q}_{k+1}$ 和 BFGS 迭代矩阵的距离来获得的。

Yao 和 Ning[57]提出了一种自适应三项共轭梯度法，其搜索方向表示如下：

$$\boldsymbol{d}_{k+1}=-\boldsymbol{g}_{k+1}+\beta_{k+1}\boldsymbol{s}_k+t_k\frac{\boldsymbol{g}_{k+1}^{\mathrm{T}}\boldsymbol{s}_k}{\boldsymbol{s}_k^{\mathrm{T}}\boldsymbol{y}_k}\boldsymbol{y}_k$$

其中

$$\beta_{k+1}=\max\{\bar{\beta}_{k+1}, 0\}$$

$$\bar{\beta}_{k+1}=\frac{1}{\alpha_k}\left(t_k\beta_k^{HS}-\frac{\boldsymbol{g}_{k+1}^{T}\boldsymbol{s}_k}{\boldsymbol{d}_k^{T}\boldsymbol{y}_k}\right)$$

$$t_k=\min\left\{\frac{1}{1+\alpha_k}, \frac{\boldsymbol{s}_k^{T}\boldsymbol{y}_k}{\|\boldsymbol{y}_k\|^2}\right\}$$

$$\alpha_k=\frac{\|\boldsymbol{s}_k\|^2\|\boldsymbol{y}_k\|^2}{(\boldsymbol{s}_k^{T}\boldsymbol{y}_k)^2}$$

在矩阵 l_∞ 范数的基础上，Babaie-Kafaki[97] 提出了一种含有混合型标量参数的三项共轭梯度法，其搜索方向构造如下：

$$\boldsymbol{d}_{k+1}=-\boldsymbol{H}_{k+1}\boldsymbol{g}_{k+1}$$

其中

$$\boldsymbol{H}_{k+1}=\theta_k\boldsymbol{I}-\theta_k\frac{\boldsymbol{s}_k\boldsymbol{y}_k^{T}+\boldsymbol{y}_k\boldsymbol{s}_k^{T}}{\boldsymbol{s}_k^{T}\boldsymbol{y}_k}+\left(1+\theta_k\frac{\|\boldsymbol{y}_k\|^2}{\boldsymbol{s}_k^{T}\boldsymbol{y}_k}\right)\frac{\boldsymbol{s}_k\boldsymbol{s}_k^{T}}{\boldsymbol{s}_k^{T}\boldsymbol{y}_k}$$

$$\theta_k=\sqrt{\frac{\|\boldsymbol{s}_k\|(\boldsymbol{s}_k^{T}\boldsymbol{y}_k)^2}{2\xi\|\boldsymbol{y}_k\|^3(\boldsymbol{s}_k^{T}\boldsymbol{y}_k)+\|\boldsymbol{s}_k\|\|\boldsymbol{y}_k\|^4}}, \xi\in[0, 1]$$

Andrei[98] 还提出了一种含有双参数的三项共轭梯度法，其搜索方向构造如下：

$$\boldsymbol{d}_{k+1}=-\boldsymbol{H}_{k+1}\boldsymbol{g}_{k+1}$$

其中

$$\boldsymbol{H}_{k+1}=\frac{1}{\delta_k}\left[\boldsymbol{H}_k-\frac{\boldsymbol{H}_k\boldsymbol{y}_k\boldsymbol{s}_k^{T}+\boldsymbol{s}_k\boldsymbol{y}_k^{T}\boldsymbol{H}_k}{\boldsymbol{y}_k^{T}\boldsymbol{s}_k}+\left(\frac{\delta_k}{\gamma_k}+\frac{\boldsymbol{y}_k^{T}\boldsymbol{H}_k\boldsymbol{y}_k}{\boldsymbol{y}_k^{T}\boldsymbol{s}_k}\right)\frac{\boldsymbol{s}_k\boldsymbol{s}_k^{T}}{\boldsymbol{y}_k^{T}\boldsymbol{s}_k}\right]$$

自适应参数的获得是通过极小化 Byrd 和 Nocedal 的测量函数得到的。

Yao 等[99] 提出了一种含有自适应参数的三项共轭梯度法，其搜索方向构造如下：

$$\boldsymbol{d}_{k+1}=-\boldsymbol{H}_{k+1}\boldsymbol{g}_{k+1}$$

其中

$$\boldsymbol{H}_{k+1}=\boldsymbol{I}-\frac{\boldsymbol{s}_k\boldsymbol{y}_k^{T}+\boldsymbol{y}_k\boldsymbol{s}_k^{T}}{\boldsymbol{y}_k^{T}\boldsymbol{s}_k}+t_k\frac{\boldsymbol{s}_k\boldsymbol{s}_k^{T}}{\boldsymbol{y}_k^{T}\boldsymbol{s}_k}$$

$$t_k=2\frac{\|\boldsymbol{y}_k\|^2}{\boldsymbol{s}_k^{T}\boldsymbol{y}_k}$$

自适应参数是通过极小化对称正定的 Perry 阵条件数来获得的。

Babaie-Kafaki 和 Ghanbari[84] 提出了两种含有自适应参数的 Dai-Liao 型共轭梯度法，其搜索方向构造为：

$$\boldsymbol{d}_{k+1}=-\boldsymbol{H}_{k+1}\boldsymbol{g}_{k+1}$$

其中

$$\boldsymbol{H}_{k+1}=\boldsymbol{I}-\frac{\boldsymbol{s}_k\boldsymbol{y}_k^{\mathrm{T}}}{\boldsymbol{s}_k^{\mathrm{T}}\boldsymbol{y}_k}+t_k\frac{\boldsymbol{s}_k\boldsymbol{s}_k^{\mathrm{T}}}{\boldsymbol{s}_k^{\mathrm{T}}\boldsymbol{y}_k}$$

t_k 构造的两种形式分别为：

$$t_k=1+\theta_k\frac{\|\boldsymbol{y}_k\|^2}{\boldsymbol{s}_k^{\mathrm{T}}\boldsymbol{y}_k},\ \theta_k=\frac{\boldsymbol{s}_k^{\mathrm{T}}\boldsymbol{y}_k}{\|\boldsymbol{s}_k\|\|\boldsymbol{y}_k\|}\frac{\sqrt{\|\boldsymbol{s}_k\|^2+\|\boldsymbol{y}_k\|^2}}{\|\boldsymbol{y}_k\|}$$

$$t_k=\theta_k+\frac{\|\boldsymbol{y}_k\|^2}{\boldsymbol{s}_k^{\mathrm{T}}\boldsymbol{y}_k},\ \theta_k=\sqrt{\frac{\|\boldsymbol{y}_k\|^4}{(\boldsymbol{s}_k^{\mathrm{T}}\boldsymbol{y}_k)^2}+\frac{\|\boldsymbol{y}_k\|^2}{\|\boldsymbol{s}_k\|^2}}$$

Li[61] 提出了一种含有自适应参数的修正型 HS 三项共轭梯度法来求解无约束优化问题，其搜索方向的构造如下：

$$\boldsymbol{d}_k=-\boldsymbol{g}_k+\beta_k^{\mathrm{HZDK}}\boldsymbol{s}_{k-1}+\lambda_k\boldsymbol{y}_{k-1}$$

其中

$$\beta_k^{\mathrm{HZDK}}=\frac{\boldsymbol{g}_k^{\mathrm{T}}\boldsymbol{y}_{k-1}}{\boldsymbol{s}_{k-1}^{\mathrm{T}}\boldsymbol{y}_{k-1}}-\frac{\|\boldsymbol{y}_{k-1}\|^2\boldsymbol{g}_k^{\mathrm{T}}\boldsymbol{s}_{k-1}}{(\boldsymbol{s}_{k-1}^{\mathrm{T}}\boldsymbol{y}_{k-1})^2}$$

$$\lambda_k=t_k\frac{\boldsymbol{g}_k^{\mathrm{T}}\boldsymbol{s}_{k-1}}{\boldsymbol{s}_{k-1}^{\mathrm{T}}\boldsymbol{y}_{k-1}}$$

$$0\leqslant t_k\leqslant\bar{t}<1,\ \bar{t}\text{ 是一个常数}$$

自适应参数 t_k 是通过让搜索方向接近无记忆 BFGS 方法获得的。

2019 年，Gao 等[100] 提出了两种含有自适应参数的三项共轭梯度法，其搜索方向的构造如下：

$$\boldsymbol{d}_{k+1}=\begin{cases}-\boldsymbol{g}_{k+1}, & |\boldsymbol{g}_k^{\mathrm{T}}\boldsymbol{d}_k|>\mu_2\|\boldsymbol{s}_k\|^2\text{ 或 }|\boldsymbol{g}_k^{\mathrm{T}}\boldsymbol{d}_k|<\mu_1\|\boldsymbol{s}_k\|^2\\ \dfrac{\boldsymbol{s}_k^{\mathrm{T}}\bar{\boldsymbol{y}}_k}{\boldsymbol{g}_k^{\mathrm{T}}\boldsymbol{d}_k}\boldsymbol{g}_{k+1}+\left(\dfrac{\boldsymbol{g}_{k+1}^{\mathrm{T}}\bar{\boldsymbol{y}}_k}{\boldsymbol{g}_k^{\mathrm{T}}\boldsymbol{d}_k}+t_k\dfrac{\boldsymbol{g}_{k+1}^{\mathrm{T}}\boldsymbol{s}_k}{\boldsymbol{g}_k^{\mathrm{T}}\boldsymbol{d}_k}\right)\boldsymbol{s}_k-\dfrac{\boldsymbol{g}_{k+1}^{\mathrm{T}}\boldsymbol{s}_k}{\boldsymbol{g}_k^{\mathrm{T}}\boldsymbol{d}_k}\bar{\boldsymbol{y}}_k, & \text{其他}\end{cases}$$

其中 $t_k^a=\max\left\{\dfrac{\|\boldsymbol{s}_k\|^2\|\bar{\boldsymbol{y}}_k\|^2}{(\boldsymbol{s}_k^{\mathrm{T}}\bar{\boldsymbol{y}}_k)^2}-\dfrac{\boldsymbol{s}_k^{\mathrm{T}}\bar{\boldsymbol{y}}_k}{\|\boldsymbol{s}_k\|^2},\ 0\right\}$，$t_k^b=\max\left\{2-\dfrac{(\boldsymbol{s}_k^{\mathrm{T}}\bar{\boldsymbol{y}}_k)^2}{\|\boldsymbol{s}_k\|^2\|\bar{\boldsymbol{y}}_k\|^2}-\dfrac{\boldsymbol{s}_k^{\mathrm{T}}\bar{\boldsymbol{y}}_k}{\|\boldsymbol{s}_k\|^2},\ 0\right\}$，$\mu_1$ 和 μ_2 是正常数。

2020 年，Yao 等[101]提出了一种含有自适应参数的三项共轭梯度法，其搜索方向的构造形式如下：

$$\boldsymbol{d}_{k+1}=-\boldsymbol{g}_{k+1}+\left(\frac{\boldsymbol{g}_{k+1}^{\mathrm{T}}\boldsymbol{y}_k-t_k\boldsymbol{g}_{k+1}^{\mathrm{T}}\boldsymbol{s}_k}{\boldsymbol{s}_k^{\mathrm{T}}\boldsymbol{y}_k}\right)\boldsymbol{s}_k+\frac{\boldsymbol{g}_{k+1}^{\mathrm{T}}\boldsymbol{s}_k}{\boldsymbol{s}_k^{\mathrm{T}}\boldsymbol{y}_k}\boldsymbol{y}_k$$

其中

$$t_k=1+2\frac{\|\boldsymbol{y}_k\|^2}{\boldsymbol{s}_k^{\mathrm{T}}\boldsymbol{y}_k}$$

自适应参数 t_k 的选择一方面可能避免了相关矩阵的条件数趋于无穷，另一方面简化了充分下降性的证明。

2022 年，Gao 等[102]提出了一种高效的涉及谱商的三项共轭梯度法，其搜索方向为：

$$\boldsymbol{d}_{k+1}=-\frac{\boldsymbol{s}_k^{\mathrm{T}}\bar{\boldsymbol{y}}_k}{\|\boldsymbol{s}_k\|^2}\boldsymbol{g}_{k+1}+\left(\frac{\boldsymbol{g}_{k+1}^{\mathrm{T}}\bar{\boldsymbol{y}}_k}{\|\boldsymbol{s}_k\|^2}-t_k\frac{\boldsymbol{g}_{k+1}^{\mathrm{T}}\boldsymbol{s}_k}{\|\boldsymbol{s}_k\|^2}\right)\boldsymbol{s}_k-\frac{\boldsymbol{g}_{k+1}^{\mathrm{T}}\boldsymbol{s}_k}{\|\boldsymbol{s}_k\|^2}\bar{\boldsymbol{y}}_k$$

其中

$$\bar{\boldsymbol{y}}_k=\boldsymbol{y}_k+\omega_k\boldsymbol{s}_k$$

$$\boldsymbol{y}_k=\boldsymbol{F}_{k+1}-\boldsymbol{F}_k$$

$$\omega_k=1+\max\left\{0,\frac{-\boldsymbol{s}_k^{\mathrm{T}}\boldsymbol{y}_k}{\|\boldsymbol{s}_k\|^2}\right\}$$

$$\boldsymbol{s}_k=\boldsymbol{x}_{k+1}-\boldsymbol{x}_k$$

$$t_k=\max\left\{\frac{\|\boldsymbol{s}_k\|^2}{\boldsymbol{s}_k^{\mathrm{T}}\bar{\boldsymbol{y}}_k}-\frac{\|\bar{\boldsymbol{y}}_k\|^2}{\boldsymbol{s}_k^{\mathrm{T}}\bar{\boldsymbol{y}}_k},0\right\}$$

2023 年，Gao 等[103]提出了一种高效的三项共轭梯度法，其搜索方向为：

$$\boldsymbol{d}_{k+1}=-\frac{\boldsymbol{s}_k^{\mathrm{T}}\bar{\boldsymbol{y}}_k}{2\|\bar{\boldsymbol{y}}_k\|^2}\boldsymbol{g}_{k+1}-\frac{\boldsymbol{g}_{k+1}^{\mathrm{T}}\bar{\boldsymbol{y}}_k}{2\|\bar{\boldsymbol{y}}_k\|^2}\boldsymbol{s}_{k+1}+\frac{\boldsymbol{g}_{k+1}^{\mathrm{T}}\boldsymbol{s}_k}{2\|\bar{\boldsymbol{y}}_k\|^2}\bar{\boldsymbol{y}}_k-\frac{\boldsymbol{g}_{k+1}^{\mathrm{T}}\boldsymbol{s}_k}{2\boldsymbol{s}_k^{\mathrm{T}}\bar{\boldsymbol{y}}_k}\boldsymbol{s}_k$$

其中，$\bar{\boldsymbol{y}}_k=\boldsymbol{g}_{k+1}-\boldsymbol{g}_k+r\boldsymbol{s}_k$，$\boldsymbol{s}_k=\boldsymbol{x}_{k+1}-\boldsymbol{x}_k$，$r>0$ 是一个常数。

1.3 一些基本定义

定义 1.1 所选取的搜索方向 $\boldsymbol{d}_k$ 一般需要满足：

$$\boldsymbol{g}_k^{\mathrm{T}}\boldsymbol{d}_k<0 \tag{1.18}$$

式(1.18)保证该搜索方向 $\boldsymbol{d}_k$ 是 $f(\boldsymbol{x})$ 在点 $\boldsymbol{x}_k$ 处的下降方向。

若 $\boldsymbol{d}_k$ 满足 $\boldsymbol{g}_k^{\mathrm{T}}\boldsymbol{d}_k\leqslant -c\|\boldsymbol{g}_k\|^2$，其中 $c>0$ 为常数，则称 $\boldsymbol{d}_k$ 为充分下降方向。

定义 1.2　n 个变量 n 个方程的非线性方程组的一般形式：

$$\left.\begin{array}{c} F^1(\boldsymbol{x}^1,\ \boldsymbol{x}^2,\ \cdots,\ \boldsymbol{x}^n)=0 \\ \vdots \\ F^n(\boldsymbol{x}^1,\ \boldsymbol{x}^2,\ \cdots,\ \boldsymbol{x}^n)=0 \end{array}\right\} \tag{1.19}$$

其中 $F^i(i=1,\ 2,\ \cdots,\ n)$ 是定义在 n 维 Euclid 空间 $\mathbf{R}^n$ 中子集 Ω 上的实值函数。令

$$\boldsymbol{F}(x)=\begin{pmatrix} F^1(\boldsymbol{x}) \\ \vdots \\ F^n(\boldsymbol{x}) \end{pmatrix}$$

$$\boldsymbol{x}=\begin{pmatrix} x^1 \\ \vdots \\ x^n \end{pmatrix}$$

$$\mathbf{0}=\begin{pmatrix} 0 \\ \vdots \\ 0 \end{pmatrix}$$

则方程组(1.19)的向量表示形式为：

$$\boldsymbol{F}(\boldsymbol{x})=\mathbf{0},\ \boldsymbol{x}\in\Omega$$

若存在 $\boldsymbol{x}^*\in\Omega$，使得 $\boldsymbol{F}(\boldsymbol{x}^*)=\mathbf{0}$，则称 $\boldsymbol{x}^*$ 为该方程组的解。若 Ω 为 $\mathbf{R}^n$，则称方程组为非线性方程组。若 Ω 为凸集，则称该方程组为含有凸约束的非线性方程组。

定义 1.3　设映射 $\boldsymbol{F}:\Omega\subseteq\mathbf{R}^n\to\mathbf{R}^n$，若对任何固定的 $h\in\mathbf{R}^n$ 有

$$\lim_{\|h\|\to 0}\|\boldsymbol{F}(x+h)-\boldsymbol{F}(x)\|=0$$

则称映射 $\boldsymbol{F}$ 在点 $\boldsymbol{x}$ 处是连续的。

定义 1.4　设映射 $\boldsymbol{F}$：$\Omega\subseteq\mathbf{R}^n\to\mathbf{R}^n$，若对任何 $\boldsymbol{x}$，$\boldsymbol{y}\in\Omega$，有

$$\langle\boldsymbol{F}(\boldsymbol{x})-\boldsymbol{F}(\boldsymbol{y}),\ \boldsymbol{x}-\boldsymbol{y}\rangle\geqslant 0$$

成立，则称映射 $\boldsymbol{F}$ 在 Ω 上是单调的。

定义 1.5　在精确线搜索条件下，搜索方向满足 $\boldsymbol{d}_k^{\mathrm{T}}\boldsymbol{y}_{k-1}=0$，则称该算法满足传统的共轭条件。

定义 1.6　设 $\Omega\subseteq\mathbf{R}^n$ 是一个非空的闭凸集。则正交投影 $P_\Omega(\boldsymbol{x})$ 定义为：

$$\boldsymbol{P}_\Omega(\boldsymbol{x})=\operatorname{argmin}\{\ \|\boldsymbol{y}-\boldsymbol{x}\|\ :\ \forall\,\boldsymbol{y}\in\Omega\}$$

其中 $\|\boldsymbol{x}\|=\sqrt{\boldsymbol{x}^{\mathrm{T}}\boldsymbol{x}}$。

1.4 一些基本假设和重要引理

下面是本书第 2 章到第 6 章所采用的假设：

(H_1) 方程组 $\boldsymbol{F}(\boldsymbol{x})=\boldsymbol{0}$ 的解集定义为 Ω^*，Ω^* 是非空的。

(H_2) 存在一个常数 $L>1$ 使得

$$\|\boldsymbol{F}(\boldsymbol{x})-\boldsymbol{F}(\boldsymbol{y})\| \leqslant L\|\boldsymbol{x}-\boldsymbol{y}\|, \ \forall \boldsymbol{x}, \boldsymbol{y} \in \mathbf{R}^n$$

(H_3) $\forall \boldsymbol{x}^* \in \Omega^*$，存在常数 $\eta>0$ 和 $\mu \in (0, 1)$ 使得

$$\mu \operatorname{dist}(\boldsymbol{x}, \Omega^*) \leqslant \|\boldsymbol{F}(\boldsymbol{x})\|, \ \forall \boldsymbol{x} \in \mathbf{N}(\boldsymbol{x}^*, \eta)$$

其中，$\operatorname{dist}(\boldsymbol{x}, \Omega^*)$ 表示的是 $\boldsymbol{x}$ 到 Ω^* 的距离，并且 $\mathbf{N}(\boldsymbol{x}^*, \eta)=\{\boldsymbol{x} \in \mathbf{R}^n: \|\boldsymbol{x}-\boldsymbol{x}^*\| \leqslant \eta\}$。

引理 1.1 设映射 $\boldsymbol{F}$ 是单调的，且 $\forall \boldsymbol{x}, \boldsymbol{y} \in \mathbf{R}^n$ 有 $\langle \boldsymbol{F}(\boldsymbol{y}), \boldsymbol{x}-\boldsymbol{y}\rangle>0$。令

$$\boldsymbol{x}^+=\boldsymbol{x}-\frac{\langle \boldsymbol{F}(\boldsymbol{y}), \boldsymbol{x}-\boldsymbol{y}\rangle}{\|\boldsymbol{F}(\boldsymbol{y})\|^2}\boldsymbol{F}(\boldsymbol{y})$$

若 $\forall \bar{\boldsymbol{x}} \in \mathbf{R}^n$ 使得 $\boldsymbol{F}(\bar{\boldsymbol{x}})=\boldsymbol{0}$，则有

$$\|\boldsymbol{x}^+-\bar{\boldsymbol{x}}\|^2 \leqslant \|\boldsymbol{x}-\bar{\boldsymbol{x}}\|^2-\|\boldsymbol{x}^+-\boldsymbol{x}\|^2$$

引理 1.2 设 Ω 是一个 $\mathbf{R}^n$ 非空的闭凸子集。则下面不等式成立：

$$(\boldsymbol{x}-\boldsymbol{P}_\Omega(\boldsymbol{x}))^{\mathrm{T}}(\boldsymbol{P}_\Omega(\boldsymbol{x})-z) \geqslant 0, \ \forall \boldsymbol{x} \in \mathbf{R}^n, \ \forall z \in \Omega$$

$$\|\boldsymbol{P}_\Omega(\boldsymbol{x})-\boldsymbol{P}_\Omega(\boldsymbol{y})\| \leqslant \|\boldsymbol{x}-\boldsymbol{y}\|, \ \forall \boldsymbol{x}, \boldsymbol{y} \in \mathbf{R}^n$$

$$\|\boldsymbol{P}_\Omega(\boldsymbol{x})-z\|^2 \leqslant \|\boldsymbol{x}-z\|^2-\|\boldsymbol{x}-\boldsymbol{P}_\Omega(\boldsymbol{x})\|^2, \ \forall \boldsymbol{x} \in \mathbf{R}^n, \ \forall z \in \Omega$$

1.5 本书的主要工作

本书主要设计一些高效的三项投影算法并将这些算法应用到求解非线性方程组和恢复稀疏信号中去。具体的章节安排如下：

第 1 章介绍所研究问题的学术背景和相关研究成果以及一些相关知识。

第 2 章提出了一种含有谱商参数的三项无导数投影算法。该方法满足 Dai-Liao 共轭条件、拟牛顿方程和充分下降条件，而且这些性质不依赖于线搜索。通过结合 Solodov 和 Svaiter[104] 提出的投影技术，得到一种含有谱商参数的三项无导数投影算法，并证明了该算法是全局和 R 阶线性收敛的。更进一步，将该算法应用于求解大规模单调非线性方程组，取得了较好的数值实验结果。

第 3 章提出了一种基于 LS 法的三项无导数投影算法。该算法不仅与原有的 HS 法具有同样性质，还具有充分下降性。在理论方面，该算法是全局和 R

阶线性收敛的。在应用方面，将该算法应用于求解大规模单调非线性方程组，取得了良好的数值实验结果。

第 4 章提出两种含有单个参数的三项无导数投影算法。该算法构造了一种含有单个自适应参数的三项共轭梯度法，其中参数是通过极小化相关矩阵与 BFGS 迭代矩阵之间的距离获得的。结合投影技术，提出两种三项无导数投影算法。其中，参数由 Oren 和 Luenberger[105] 及 Oren 和 Spedicato[106] 所确定。在理论方面，证明了两种算法的全局收敛性和 R 阶线性收敛。在应用方面，将这两种算法用来求解大规模含有凸约束的单调非线性方程组和恢复稀疏信号，取得了较好的实验结果。

第 5 章提出一种高效的三项无导数投影算法。在原有算法的基础上，通过添加谱商参数，并结合 Dai-Liao 共轭条件，设计出新的共轭梯度法。通过结合超平面投影技术和投影算子，进而提出一种三项投影算法。在理论方面，该算法是全局和 R 阶线性收敛的。在应用方面，该算法应用于求解大规模含有凸约束的单调非线性方程组和恢复稀疏信号，取得了较好的数值实验结果。

第 6 章提出一种含有双参数的三项投影算法。首先构造了一种含有双参数的三项共轭梯度法。参数是通过拟牛顿方程和化简相关矩阵的最大特征值获得。然后结合超平面投影技术，提出一种三项投影算法。在恰当的假设条件下，该算法是全局和 R 阶线性收敛的。最后，将该算法应用于求解大规模含有凸约束的单调非线性方程组和恢复稀疏信号，取得了较好的实验结果。

第 7 章总结与展望。

2 含有谱商参数的三项无导数投影算法

2.1 引言

本章，求解如下的单调非线性方程组：

$$\boldsymbol{F}(\boldsymbol{x})=\mathbf{0} \tag{2.1}$$

其中 $\boldsymbol{F}:\mathbf{R}^n\rightarrow\mathbf{R}^n$ 是连续的和单调的。单调性意味着

$$\langle \boldsymbol{F}(\boldsymbol{x})-\boldsymbol{F}(\boldsymbol{y}),\ \boldsymbol{x}-\boldsymbol{y}\rangle\geqslant 0,\ \forall \boldsymbol{x},\ \boldsymbol{y}\in\mathbf{R}^n$$

非线性单调方程组能够模拟很多问题，如机械连杆的维数、化学物种的浓度、结构元件的横截面特性等。为了解决由这些实际问题衍生出来的单调非线性方程组模型，很多算法被提出来求解式(2.1)，包含投影牛顿法、拟牛顿法、牛顿法和一系列牛顿法的变形；见参考文献[107]~[111]。由于其局部超线性收敛特性，这些方法特别受欢迎。可是，在迭代过程中，由于雅克比矩阵或其近似矩阵都需要存储，它们并不适用于求解大规模问题。

由于简洁和低存储性，三项共轭梯度法被广泛地应用于求解大规模的无约束优化问题。考虑到三项共轭梯度法的优点，大量的学者更关注基于三项共轭梯度法的算法来求解式(2.1)。例如，最近，在 LCG[112] 共轭梯度法的基础上，通过结合投影算法，Liu 和 Li[113] 提出了一种三项无导数投影算法来求解式(2.1)。在 Perry 共轭梯度法的基础上，Dai 等[114] 提出了一种修正的三项无导数投影算法来求解式(2.1)。

受文献[113]和[114]的启发，本章提出一种含有谱商参数的三项共轭梯度法。这种共轭梯度法不仅满足 Dai-Liao 共轭条件，还满足拟牛顿方程。通过结合 Solodov 和 Svaiter 提出的投影技术，构造了一种无导数三项投影算法来求解式(2.1)。在一些恰当的条件下，证明了算法的全局收敛性和 R 阶线性收敛。

2.2 算法

2016 年，Liu 和 Li[113] 提出了一种三项共轭梯度法来求解式(2.1)，其搜索

方向 $\boldsymbol{d}_k$ 的具体构造形式如下：

$$\boldsymbol{d}_k=\begin{cases}-\boldsymbol{g}_k, & k=0,\\ -\boldsymbol{g}_k+\left(\dfrac{\boldsymbol{y}_{k-1}^{\mathrm{T}}\boldsymbol{g}_k}{\boldsymbol{s}_{k-1}^{\mathrm{T}}\boldsymbol{y}_{k-1}}-\dfrac{\boldsymbol{s}_{k-1}^{\mathrm{T}}\boldsymbol{g}_k}{\boldsymbol{s}_{k-1}^{\mathrm{T}}\boldsymbol{y}_{k-1}}-\dfrac{\|\boldsymbol{y}_{k-1}\|^2\boldsymbol{s}_{k-1}^{\mathrm{T}}\boldsymbol{g}_k}{(\boldsymbol{s}_{k-1}^{\mathrm{T}}\boldsymbol{y}_{k-1})^2}\right)\boldsymbol{s}_{k-1}+\dfrac{\boldsymbol{s}_{k-1}^{\mathrm{T}}\boldsymbol{g}_k}{\boldsymbol{s}_{k-1}^{\mathrm{T}}\boldsymbol{y}_{k-1}}\boldsymbol{y}_{k-1}, & k\geqslant 1\end{cases}$$

其中，$\boldsymbol{s}_{k-1}=\boldsymbol{x}_k-\boldsymbol{x}_{k-1}$，$\boldsymbol{y}_{k-1}=\boldsymbol{g}_k-\boldsymbol{g}_{k-1}$。

在文献[113]中，Liu 和 Li 详细地证明了该搜索方向满足 Dai-Liao 条件和充分下降性。

受文献[113]的启发，构造如下的搜索方向 $\boldsymbol{d}_k$：

$$\boldsymbol{d}_k=\begin{cases}-\boldsymbol{g}_k, & k=0,\\ -\lambda_{k-1}\boldsymbol{g}_k+\left(\dfrac{\lambda_{k-1}\bar{\boldsymbol{y}}_{k-1}^{\mathrm{T}}\boldsymbol{g}_k}{\boldsymbol{s}_{k-1}^{\mathrm{T}}\bar{\boldsymbol{y}}_{k-1}}-\dfrac{\boldsymbol{s}_{k-1}^{\mathrm{T}}\boldsymbol{g}_k}{\boldsymbol{s}_{k-1}^{\mathrm{T}}\bar{\boldsymbol{y}}_{k-1}}-\lambda_{k-1}\dfrac{\|\bar{\boldsymbol{y}}_{k-1}\|^2\boldsymbol{s}_{k-1}^{\mathrm{T}}\boldsymbol{g}_k}{(\boldsymbol{s}_{k-1}^{\mathrm{T}}\bar{\boldsymbol{y}}_{k-1})^2}\right)\boldsymbol{s}_{k-1}+\lambda_{k-1}\dfrac{\boldsymbol{g}_k^{\mathrm{T}}\boldsymbol{s}_{k-1}}{\boldsymbol{s}_{k-1}^{\mathrm{T}}\bar{\boldsymbol{y}}_{k-1}}\bar{\boldsymbol{y}}_{k-1}, & k\geqslant 1\end{cases}$$

其中，$\bar{\boldsymbol{y}}_{k-1}=\boldsymbol{g}_k-\boldsymbol{g}_{k-1}+r\boldsymbol{s}_{k-1}$，$r\in(0,1)$是一个常数，$\lambda_{k-1}$是一个非零参数。

搜索方向 $\boldsymbol{d}_k$ 能够重新写为：

$$\boldsymbol{d}_k=\begin{cases}-\boldsymbol{I}\boldsymbol{g}_k, & k=0,\\ -\boldsymbol{M}_k\boldsymbol{g}_k, & k\geqslant 1\end{cases}\tag{2.2}$$

其中，$\boldsymbol{I}$ 是单位阵，迭代矩阵

$$\boldsymbol{M}_k=\lambda_{k-1}\boldsymbol{I}-\lambda_{k-1}\frac{\boldsymbol{s}_{k-1}\bar{\boldsymbol{y}}_{k-1}^{\mathrm{T}}+\bar{\boldsymbol{y}}_{k-1}\boldsymbol{s}_{k-1}^{\mathrm{T}}}{\boldsymbol{s}_{k-1}^{\mathrm{T}}\bar{\boldsymbol{y}}_{k-1}}+\left(1+\lambda_{k-1}\frac{\|\bar{\boldsymbol{y}}_{k-1}\|^2}{\boldsymbol{s}_{k-1}^{\mathrm{T}}\bar{\boldsymbol{y}}_{k-1}}\right)\frac{\boldsymbol{s}_{k-1}\boldsymbol{s}_{k-1}^{\mathrm{T}}}{\boldsymbol{s}_{k-1}^{\mathrm{T}}\bar{\boldsymbol{y}}_{k-1}}$$

迭代矩阵 $\boldsymbol{M}_k$ 可转化为

$$\boldsymbol{M}_k=\lambda_{k-1}\boldsymbol{B}_k$$

其中

$$\boldsymbol{B}_k=\boldsymbol{I}-\frac{\boldsymbol{s}_{k-1}\bar{\boldsymbol{y}}_{k-1}^{\mathrm{T}}+\bar{\boldsymbol{y}}_{k-1}\boldsymbol{s}_{k-1}^{\mathrm{T}}}{\boldsymbol{s}_{k-1}^{\mathrm{T}}\bar{\boldsymbol{y}}_{k-1}}+\left(\frac{1}{\lambda_{k-1}}+\frac{\|\bar{\boldsymbol{y}}_{k-1}\|^2}{\boldsymbol{s}_{k-1}^{\mathrm{T}}\bar{\boldsymbol{y}}_{k-1}}\right)\frac{\boldsymbol{s}_{k-1}\boldsymbol{s}_{k-1}^{\mathrm{T}}}{\boldsymbol{s}_{k-1}^{\mathrm{T}}\bar{\boldsymbol{y}}_{k-1}}$$

由简单的代数计算公式[115]：

$$\det(\boldsymbol{I}+\boldsymbol{p}\boldsymbol{q}^{\mathrm{T}}+\boldsymbol{u}\boldsymbol{v}^{\mathrm{T}})=(1+\boldsymbol{q}^{\mathrm{T}}\boldsymbol{p})(1+\boldsymbol{v}^{\mathrm{T}}\boldsymbol{u})-(\boldsymbol{p}^{\mathrm{T}}\boldsymbol{v})(\boldsymbol{q}^{\mathrm{T}}\boldsymbol{u})$$

其中

$$\boldsymbol{p}=-\frac{\boldsymbol{s}_{k-1}}{\boldsymbol{s}_{k-1}^{\mathrm{T}}\bar{\boldsymbol{y}}_{k-1}}$$

$$\boldsymbol{q}=\bar{\boldsymbol{y}}_{k-1}$$

$$\boldsymbol{u}=-\frac{\bar{\boldsymbol{y}}_{k-1}}{\boldsymbol{s}_{k-1}^{\mathrm{T}}\bar{\boldsymbol{y}}_{k-1}}+\frac{1}{\lambda_{k-1}}\frac{\boldsymbol{s}_{k-1}}{\boldsymbol{s}_{k-1}^{\mathrm{T}}\bar{\boldsymbol{y}}_{k-1}}+\frac{\|\bar{\boldsymbol{y}}_{k-1}\|^2\boldsymbol{s}_{k-1}}{(\boldsymbol{s}_{k-1}^{\mathrm{T}}\bar{\boldsymbol{y}}_{k-1})^2}$$

$$\boldsymbol{v}=\boldsymbol{s}_{k-1}$$

可得 $\det(\boldsymbol{B}_k)=\frac{1}{\lambda_{k-1}}\frac{\|\boldsymbol{s}_{k-1}\|^2}{\boldsymbol{s}_{k-1}^{\mathrm{T}}\bar{\boldsymbol{y}}_{k-1}}$，这个能够表明 $\boldsymbol{B}_k$ 是非奇异的，则 $\boldsymbol{M}_k$ 也是非奇异的。

选取 $\lambda_{k-1}=\frac{\boldsymbol{s}_{k-1}^{\mathrm{T}}\bar{\boldsymbol{y}}_{k-1}}{\|\boldsymbol{s}_{k-1}\|^2}$，这个形式称为谱商[116]。下面验证该方法满足拟牛顿割线方程和 Dai-Liao 共轭条件。

事实上，将谱商 $\lambda_{k-1}=\frac{\boldsymbol{s}_{k-1}^{\mathrm{T}}\bar{\boldsymbol{y}}_{k-1}}{\|\boldsymbol{s}_{k-1}\|^2}$代入式(2.2)可得：

$$\boldsymbol{d}_k=-\frac{\boldsymbol{s}_{k-1}^{\mathrm{T}}\bar{\boldsymbol{y}}_{k-1}}{\|\boldsymbol{s}_{k-1}\|^2}\boldsymbol{g}_k+\left(\frac{\boldsymbol{g}_k^{\mathrm{T}}\bar{\boldsymbol{y}}_{k-1}}{\|\boldsymbol{s}_{k-1}\|^2}-\frac{\boldsymbol{g}_k^{\mathrm{T}}\boldsymbol{s}_{k-1}}{\boldsymbol{s}_{k-1}^{\mathrm{T}}\bar{\boldsymbol{y}}_{k-1}}-\frac{\|\bar{\boldsymbol{y}}_{k-1}\|^2\boldsymbol{s}_{k-1}^{\mathrm{T}}\boldsymbol{g}_k}{\|\boldsymbol{s}_{k-1}\|^2\boldsymbol{s}_{k-1}^{\mathrm{T}}\bar{\boldsymbol{y}}_{k-1}}\right)\boldsymbol{s}_{k-1}+\frac{\boldsymbol{g}_k^{\mathrm{T}}\boldsymbol{s}_{k-1}}{\|\boldsymbol{s}_{k-1}\|^2}\bar{\boldsymbol{y}}_{k-1}$$

搜索方向 $\boldsymbol{d}_k$ 能重新写为：

$$\boldsymbol{d}_k=-\boldsymbol{M}_k\boldsymbol{g}_k$$

其中

$$\boldsymbol{M}_k=\frac{\boldsymbol{s}_{k-1}^{\mathrm{T}}\bar{\boldsymbol{y}}_{k-1}}{\|\boldsymbol{s}_{k-1}\|^2}\boldsymbol{I}-\frac{\boldsymbol{s}_{k-1}\bar{\boldsymbol{y}}_{k-1}^{\mathrm{T}}+\bar{\boldsymbol{y}}_{k-1}\boldsymbol{s}_{k-1}^{\mathrm{T}}}{\|\boldsymbol{s}_{k-1}\|^2}+\left(1+\frac{\|\bar{\boldsymbol{y}}_{k-1}\|^2}{\|\boldsymbol{s}_{k-1}\|^2}\right)\frac{\boldsymbol{s}_k\boldsymbol{s}_k^{\mathrm{T}}}{\boldsymbol{s}_{k-1}^{\mathrm{T}}\bar{\boldsymbol{y}}_{k-1}}$$

下面分别验证拟牛顿方程和 Dai-Liao 共轭条件：

$$\begin{aligned}\boldsymbol{M}_k\bar{\boldsymbol{y}}_{k-1}&=\left(\frac{\boldsymbol{s}_{k-1}^{\mathrm{T}}\bar{\boldsymbol{y}}_{k-1}}{\|\boldsymbol{s}_{k-1}\|^2}\boldsymbol{I}-\frac{\boldsymbol{s}_{k-1}\bar{\boldsymbol{y}}_{k-1}^{\mathrm{T}}}{\|\boldsymbol{s}_{k-1}\|^2}-\frac{\bar{\boldsymbol{y}}_{k-1}\boldsymbol{s}_{k-1}^{\mathrm{T}}}{\|\boldsymbol{s}_{k-1}\|^2}+\frac{\|\bar{\boldsymbol{y}}_{k-1}\|^2\boldsymbol{s}_{k-1}\boldsymbol{s}_{k-1}^{\mathrm{T}}}{\boldsymbol{s}_{k-1}^{\mathrm{T}}\bar{\boldsymbol{y}}_{k-1}\|\boldsymbol{s}_{k-1}\|^2}+\frac{\boldsymbol{s}_{k-1}\boldsymbol{s}_{k-1}^{\mathrm{T}}}{\boldsymbol{s}_{k-1}^{\mathrm{T}}\bar{\boldsymbol{y}}_{k-1}}\right)\bar{\boldsymbol{y}}_{k-1}\\&=\frac{\boldsymbol{s}_{k-1}^{\mathrm{T}}\bar{\boldsymbol{y}}_{k-1}}{\|\boldsymbol{s}_{k-1}\|^2}\bar{\boldsymbol{y}}_{k-1}-\frac{\|\bar{\boldsymbol{y}}_{k-1}\|^2}{\|\boldsymbol{s}_{k-1}\|^2}\boldsymbol{s}_{k-1}-\frac{\boldsymbol{s}_{k-1}^{\mathrm{T}}\bar{\boldsymbol{y}}_{k-1}}{\|\boldsymbol{s}_{k-1}\|^2}\bar{\boldsymbol{y}}_{k-1}+\boldsymbol{s}_{k-1}+\frac{\|\bar{\boldsymbol{y}}_{k-1}\|^2}{\|\boldsymbol{s}_{k-1}\|^2}\boldsymbol{s}_{k-1}\\&=\boldsymbol{s}_{k-1}\end{aligned}$$

从上述验证可知，迭代矩阵 $\boldsymbol{M}_k$ 满足拟牛顿方程。

$$\begin{aligned}\boldsymbol{d}_k^{\mathrm{T}}\bar{\boldsymbol{y}}_{k-1}&=-\frac{\boldsymbol{s}_{k-1}^{\mathrm{T}}\bar{\boldsymbol{y}}_{k-1}}{\|\boldsymbol{s}_{k-1}\|^2}\boldsymbol{g}_k^{\mathrm{T}}\bar{\boldsymbol{y}}_{k-1}+\left(\frac{\boldsymbol{g}_k^{\mathrm{T}}\bar{\boldsymbol{y}}_{k-1}}{\|\boldsymbol{s}_{k-1}\|^2}-\frac{\boldsymbol{g}_k^{\mathrm{T}}\boldsymbol{s}_{k-1}}{\boldsymbol{s}_{k-1}^{\mathrm{T}}\bar{\boldsymbol{y}}_{k-1}}-\frac{\|\bar{\boldsymbol{y}}_{k-1}\|^2\boldsymbol{s}_{k-1}^{\mathrm{T}}\boldsymbol{g}_k}{\|\boldsymbol{s}_{k-1}\|^2\boldsymbol{s}_{k-1}^{\mathrm{T}}\bar{\boldsymbol{y}}_{k-1}}\right)\boldsymbol{s}_{k-1}^{\mathrm{T}}\bar{\boldsymbol{y}}_{k-1}+\\&\quad\frac{\boldsymbol{g}_k^{\mathrm{T}}\boldsymbol{s}_{k-1}}{\|\boldsymbol{s}_{k-1}\|^2}\bar{\boldsymbol{y}}_{k-1}^{\mathrm{T}}\bar{\boldsymbol{y}}_{k-1}\\&=-\boldsymbol{g}_k^{\mathrm{T}}\boldsymbol{s}_{k-1}\end{aligned}$$

从上述验证可知，搜索方向满足 Dai-Liao 共轭条件。

通过结合本章所提的共轭梯度法和 Solodov 和 Svaiter 提出的投影技术，现在提出投影算法(命名为算法 2.1)来求解式(2.1)。搜索方向需要变成如下形式：

$$\boldsymbol{d}_k=$$

$$\begin{cases}-\boldsymbol{F}_k, & k=0,\\ -\lambda_{k-1}\boldsymbol{F}_k+\left(\dfrac{\lambda_{k-1}\boldsymbol{\omega}_{k-1}^{\mathrm{T}}\boldsymbol{F}_k}{\boldsymbol{s}_{k-1}^{\mathrm{T}}\boldsymbol{\omega}_{k-1}}-\dfrac{\boldsymbol{s}_{k-1}^{\mathrm{T}}\boldsymbol{F}_k}{\boldsymbol{s}_{k-1}^{\mathrm{T}}\boldsymbol{\omega}_{k-1}}-\lambda_{k-1}\dfrac{\|\boldsymbol{\omega}_{k-1}\|^2\boldsymbol{s}_{k-1}^{\mathrm{T}}\boldsymbol{F}_k}{(\boldsymbol{s}_{k-1}^{\mathrm{T}}\boldsymbol{\omega}_{k-1})^2}\right)\boldsymbol{s}_{k-1}+\lambda_{k-1}\dfrac{\boldsymbol{F}_k^{\mathrm{T}}\boldsymbol{s}_{k-1}}{\boldsymbol{s}_{k-1}^{\mathrm{T}}\boldsymbol{\omega}_{k-1}}\boldsymbol{\omega}_{k-1}, & k\geqslant 1\end{cases} \tag{2.3}$$

其中，$\boldsymbol{s}_{k-1}=\boldsymbol{x}_k-\boldsymbol{x}_{k-1}$，$\boldsymbol{\omega}_{k-1}=\boldsymbol{F}_k-\boldsymbol{F}_{k-1}+r\boldsymbol{s}_{k-1}$。

算法 2.1

步 1：首先给出初始点 $\boldsymbol{x}_0\in\mathbf{R}^n$，$\rho\in(0,1)$，$\sigma\in(0,1)$，$r\in(0,1)$，$t\in[0,1)$，$k=0$。

步 2：如果 $\|\boldsymbol{F}_k\|=0$，迭代终止，否则，转步 3。

步 3：计算搜索方向 $\boldsymbol{d}_k$，由式(2.3)计算。

步 4：计算 $z_k=\boldsymbol{x}_k+\alpha_k\boldsymbol{d}_k$，$\alpha_k=\rho^m$，$m$ 是满足式(2.4)成立的最小非负整数。

$$-\boldsymbol{F}(z_k)^{\mathrm{T}}\boldsymbol{d}_k\geqslant\sigma\rho^m\|\boldsymbol{d}_k\|^2 \tag{2.4}$$

步 5：如果 $z_k\in\Omega^*$，则 $\boldsymbol{x}_{k+1}=z_k$，终止。否则，$\boldsymbol{x}_{k+1}=\boldsymbol{x}_k-\dfrac{\boldsymbol{F}(z_k)^{\mathrm{T}}(\boldsymbol{x}_k-z_k)}{\|\boldsymbol{F}(z_k)\|^2}\boldsymbol{F}(z_k)$，置 $k=k+1$，转第 2 步。

注释 2.1 存在非负的整数 m 满足不等式(2.4)。事实上，如果对任何非负的指标 i 不等式(2.4)都不成立，则

$$-\boldsymbol{F}(\boldsymbol{x}_k+\boldsymbol{\rho}^i)^{\mathrm{T}}\boldsymbol{d}_k<\sigma\boldsymbol{\rho}^i\|\boldsymbol{d}_k\|^2$$

由 $\boldsymbol{F}$ 的连续性，$\rho\in(0,1)$，让 $i\to\infty$，可得到

$$-\boldsymbol{F}(\boldsymbol{x}_k)^{\mathrm{T}}\boldsymbol{d}_k\leqslant 0 \tag{2.5}$$

可是，借助后面的引理 2.2，有

$$-\boldsymbol{F}(\boldsymbol{x}_k)^{\mathrm{T}}\boldsymbol{d}_k\geqslant c_1\|\boldsymbol{F}(\boldsymbol{x}_k)\|^2>0$$

这与式(2.5)矛盾。

2.3 全局收敛性

引理 2.1 假设(H_1)和(H_2)成立，序列$\{\boldsymbol{x}_k\}$由算法 2.1 产生，则

$$r\|\boldsymbol{s}_{k-1}\|^2\leqslant\boldsymbol{s}_{k-1}^{\mathrm{T}}\omega_{k-1}\leqslant(L+r)\|\boldsymbol{s}_{k-1}\|^2,\ \forall k\geqslant 1$$

证明 由 $\boldsymbol{s}_{k-1}=\boldsymbol{x}_k-\boldsymbol{x}_{k-1}$ 和 $\omega_{k-1}=\boldsymbol{F}_k-\boldsymbol{F}_{k-1}+r\boldsymbol{s}_{k-1}$，得到

$$\boldsymbol{s}_{k-1}^{\mathrm{T}}\omega_{k-1}=\langle\boldsymbol{F}_k-\boldsymbol{F}_{k-1},\ \boldsymbol{x}_k-\boldsymbol{x}_{k-1}\rangle+r\|\boldsymbol{s}_{k-1}\|^2$$

借助 $\boldsymbol{F}$ 的单调性，得到

$$\boldsymbol{s}_{k-1}^{\mathrm{T}}\boldsymbol{\omega}_{k-1}\geqslant r\|\boldsymbol{s}_{k-1}\|^2>0$$

由假设(H_2)，得到

$$\begin{aligned}\boldsymbol{s}_{k-1}^{\mathrm{T}}\boldsymbol{\omega}_{k-1}&=\langle\boldsymbol{F}_k-\boldsymbol{F}_{k-1},\ \boldsymbol{x}_k-\boldsymbol{x}_{k-1}\rangle+r\|\boldsymbol{s}_{k-1}\|^2\leqslant L\|\boldsymbol{x}_k-\boldsymbol{x}_{k-1}\|^2+r\|\boldsymbol{s}_{k-1}\|^2\\&=(L+r)\|\boldsymbol{s}_{k-1}\|^2\end{aligned}$$

命题得证。

引理 2.2 设序列$\{\boldsymbol{x}_k\}$由算法 2.1 产生，则搜索方向 $\boldsymbol{d}_k$ 满足：

$$\boldsymbol{F}_k^{\mathrm{T}}\boldsymbol{d}_k\leqslant -c_1\|\boldsymbol{F}_k\|^2$$

其中，$c_1=\left[1-\dfrac{(1+t)^2}{4}\right]r$，$t\in[0,\ 1)$和 $r\in(0,\ 1)$。

证明 由 $\boldsymbol{d}_k$ 的表达式，可得

$$\begin{aligned}\boldsymbol{F}_k^{\mathrm{T}}\boldsymbol{d}_k&=\boldsymbol{F}_k^{\mathrm{T}}(-\lambda_{k-1}\boldsymbol{F}_k+\beta_k\boldsymbol{s}_{k-1}+\lambda_{k-1}\theta_{k-1}\boldsymbol{\omega}_{k-1})\\&=-\lambda_{k-1}\|\boldsymbol{F}_k\|^2+(1+t)\lambda_{k-1}\frac{\boldsymbol{F}_k^{\mathrm{T}}\boldsymbol{\omega}_{k-1}\boldsymbol{F}_k^{\mathrm{T}}\boldsymbol{s}_{k-1}}{\boldsymbol{s}_{k-1}^{\mathrm{T}}\boldsymbol{\omega}_{k-1}}-\lambda_{k-1}\frac{\|\boldsymbol{\omega}_{k-1}\|^2(\boldsymbol{F}_k^{\mathrm{T}}\boldsymbol{s}_{k-1})^2}{(\boldsymbol{s}_{k-1}^{\mathrm{T}}\boldsymbol{\omega}_{k-1})^2}-\frac{(\boldsymbol{F}_k^{\mathrm{T}}\boldsymbol{s}_{k-1})^2}{\boldsymbol{s}_{k-1}^{\mathrm{T}}\boldsymbol{\omega}_{k-1}}\\&=-\lambda_{k-1}\left[\frac{(\boldsymbol{s}_{k-1}^{\mathrm{T}}\boldsymbol{\omega}_{k-1})^2\|\boldsymbol{F}_k\|^2-(1+t)\boldsymbol{F}_k^{\mathrm{T}}\boldsymbol{\omega}_{k-1}\boldsymbol{F}_k^{\mathrm{T}}\boldsymbol{s}_{k-1}\boldsymbol{s}_{k-1}^{\mathrm{T}}\boldsymbol{\omega}_{k-1}}{(\boldsymbol{s}_{k-1}^{\mathrm{T}}\boldsymbol{\omega}_{k-1})^2}\right]\\&\quad-\lambda_{k-1}\frac{\|\boldsymbol{\omega}_{k-1}\|^2(\boldsymbol{F}_k^{\mathrm{T}}\boldsymbol{s}_{k-1})^2}{(\boldsymbol{s}_{k-1}^{\mathrm{T}}\boldsymbol{\omega}_{k-1})^2}-\frac{(\boldsymbol{F}_k^{\mathrm{T}}\boldsymbol{s}_{k-1})^2}{\boldsymbol{s}_{k-1}^{\mathrm{T}}\boldsymbol{\omega}_{k-1}}\end{aligned}$$

由不等式 $2\boldsymbol{ab}\leqslant\|\boldsymbol{a}\|^2+\|\boldsymbol{b}\|^2$，其中

$$\boldsymbol{a}=\frac{1+t}{\sqrt{2}}(\boldsymbol{s}_{k-1}^{\mathrm{T}}\boldsymbol{\omega}_{k-1})\boldsymbol{F}_{k-1}$$

$$\boldsymbol{b}=\sqrt{2}(\boldsymbol{F}_k^{\mathrm{T}}\boldsymbol{s}_{k-1})\boldsymbol{\omega}_{k-1}$$

容易知道：

$$(\boldsymbol{s}_{k-1}^{\mathrm{T}}\boldsymbol{\omega}_{k-1})^2\|\boldsymbol{F}_k\|^2-(1+t)\boldsymbol{F}_k^{\mathrm{T}}\boldsymbol{\omega}_{k-1}\boldsymbol{F}_k^{\mathrm{T}}\boldsymbol{s}_{k-1}\boldsymbol{s}_{k-1}^{\mathrm{T}}\boldsymbol{\omega}_{k-1}+\|\boldsymbol{\omega}_{k-1}\|^2(\boldsymbol{F}_k^{\mathrm{T}}\boldsymbol{s}_{k-1})^2\geqslant c\|\boldsymbol{F}_k\|^2$$

其中，$c=1-\dfrac{(1+t)^2}{4}$。于是有

$$\boldsymbol{F}_k^{\mathrm{T}}\boldsymbol{d}_k\leqslant-\lambda_{k-1}\left[1-\frac{(1+t)^2}{4}\right]\|\boldsymbol{F}_k\|^2-\frac{(\boldsymbol{F}_k^{\mathrm{T}}\boldsymbol{s}_{k-1})^2}{\boldsymbol{s}_{k-1}^{\mathrm{T}}\boldsymbol{\omega}_{k-1}}\leqslant-\lambda_{k-1}\left[1-\frac{(1+t)^2}{4}\right]\|\boldsymbol{F}_k\|^2$$

由引理 2.1 可知，$\lambda_{k-1}\geqslant\dfrac{r\|\boldsymbol{s}_{k-1}\|^2}{\|\boldsymbol{s}_{k-1}\|^2}=r>0$，得到

$$-\lambda_{k-1}\left[1-\frac{(1+t)^2}{4}\right]\|\boldsymbol{F}_k\|^2\leqslant\left[1-\frac{(1+t)^2}{4}\right]r\|\boldsymbol{F}_k\|^2$$

命题得证。

注释 2.2 由引理 2.2 和 Cauchy-Schwartz 不等式可得：

$$\|\boldsymbol{F}_k\|\|\boldsymbol{d}_k\| \geqslant |\boldsymbol{F}_k^{\mathrm{T}}\boldsymbol{d}_k| \geqslant c_1\|\boldsymbol{F}_k\|^2$$

进一步化简可得：

$$\|\boldsymbol{d}_k\| \geqslant c_1\|\boldsymbol{F}_k\|$$

引理 2.3 假设(H_1)和(H_2)成立，序列$\{\boldsymbol{x}_k\}$和$\{z_k\}$由算法 2.1 产生，则有

$$\alpha_k \geqslant \min\left\{\rho,\ \frac{c_1\rho\|\boldsymbol{F}_k\|^2}{(L+\sigma)\|\boldsymbol{d}_k\|^2}\right\}$$

证明 由线搜索式(2.4)可知，如果 $\alpha_k \neq \rho$，则 $\rho^{-1}\alpha_k$ 不满足线搜索式(2.4)。则可得

$$-\boldsymbol{F}(\boldsymbol{x}_k+\rho^{-1}\alpha_k\boldsymbol{d}_k)^{\mathrm{T}}\boldsymbol{d}_k<\sigma\rho^{-1}\alpha_k\|\boldsymbol{d}_k\|^2$$

由引理 2.2，可得：

$$\begin{aligned}c_1\|\boldsymbol{F}_k\|^2 &\leqslant -\boldsymbol{F}(\boldsymbol{x}_k)^{\mathrm{T}}\boldsymbol{d}_k\\ &=[\boldsymbol{F}(\boldsymbol{x}_k+\rho^{-1}\alpha_k\boldsymbol{d}_k)^{\mathrm{T}}\boldsymbol{d}_k-\boldsymbol{F}(\boldsymbol{x}_k)^{\mathrm{T}}\boldsymbol{d}_k]-\boldsymbol{F}(\boldsymbol{x}_k+\rho^{-1}\alpha_k\boldsymbol{d}_k)^{\mathrm{T}}\boldsymbol{d}_k\\ &\leqslant L\rho^{-1}\alpha_k\|\boldsymbol{d}_k\|^2+\sigma\rho^{-1}\alpha_k\|\boldsymbol{d}_k\|^2\end{aligned}$$

这暗含

$$\alpha_k \geqslant \min\left\{\rho,\ \frac{c_1\rho\|\boldsymbol{F}_k\|^2}{(L+\sigma)\|\boldsymbol{d}_k\|^2}\right\}$$

命题得证。

引理 2.4 假设(H_1)和(H_2)成立，序列$\{\boldsymbol{x}_k\}$和$\{z_k\}$由算法 2.1 产生。则有

$$\|\boldsymbol{x}_{k+1}-\boldsymbol{x}^*\|^2 \leqslant \|\boldsymbol{x}_k-\boldsymbol{x}^*\|^2-\|\boldsymbol{x}_{k+1}-\boldsymbol{x}\|^2,\ \forall \boldsymbol{x}^* \in \Omega^*$$

并且序列$\{\boldsymbol{x}_k\}$是有界的而且满足

$$\lim_{k\to\infty}\|\boldsymbol{x}_{k+1}-\boldsymbol{x}_k\|=0 \tag{2.6}$$

证明 设$\forall \boldsymbol{x}^* \in \Omega^*$，由式(2.4)和引理 1.1 可得：

$$0 \leqslant \|\boldsymbol{x}_{k+1}-\boldsymbol{x}^*\|^2 \leqslant \|\boldsymbol{x}_k-\boldsymbol{x}^*\|^2-\|\boldsymbol{x}_{k+1}-\boldsymbol{x}\|^2 \leqslant \|\boldsymbol{x}_k-\boldsymbol{x}^*\|^2 \tag{2.7}$$

这就暗示了序列$\{\|\boldsymbol{x}_k-\boldsymbol{x}^*\|^2\}$是单调递减的。由单调有界定理可知，序列$\{\|\boldsymbol{x}_k-\boldsymbol{x}^*\|^2\}$是收敛的，则可得到序列$\{\boldsymbol{x}_k\}$是有界的。

由式(2.7)可知：

$$0 \leqslant \|\boldsymbol{x}_{k+1}-\boldsymbol{x}_k\|^2 \leqslant \|\boldsymbol{x}_k-\boldsymbol{x}^*\|^2-\|\boldsymbol{x}_{k+1}-\boldsymbol{x}^*\|^2 \tag{2.8}$$

由式(2.8)，可以得出$\lim\limits_{k\to\infty}\|\boldsymbol{x}_{k+1}-\boldsymbol{x}_k\|=0$，命题得证。

注释 2.3 由引理 2.4，得到$\lim\limits_{k\to\infty}\alpha_k\|\boldsymbol{d}_k\|=0$。实际上，借助 $\boldsymbol{F}$ 的连续性，

得到

$$\|\boldsymbol{x}_{k+1}-\boldsymbol{x}_k\| = \frac{|\boldsymbol{F}(\boldsymbol{z}_k)^{\mathrm{T}}(\boldsymbol{x}_k-\boldsymbol{z}_k)|}{\|\boldsymbol{F}(\boldsymbol{z}_k)\|^2}\|\boldsymbol{F}(\boldsymbol{z}_k)\| = \frac{|\alpha_k\boldsymbol{F}(\boldsymbol{z}_k)^{\mathrm{T}}\boldsymbol{d}_k|}{\|\boldsymbol{F}(\boldsymbol{z}_k)\|} \geqslant \frac{\sigma}{M}\alpha_k^2\|\boldsymbol{d}_k\|^2$$

其中，$M=\sup\limits_{k\geqslant 1}\|\boldsymbol{F}(\boldsymbol{z}_k)\|$。

引理 2.5 假设(H_1)和(H_2)成立，序列$\{\boldsymbol{x}_k\}$和$\{\boldsymbol{z}_k\}$由算法 2.1 产生。则有

$$\|\boldsymbol{d}_k\| \leqslant A\|\boldsymbol{F}_k\|$$

进而有

$$\alpha_k \geqslant \min\left\{\rho, \frac{c_1\rho}{(L+\sigma)A^2}\right\} \overset{\Delta}{=} B$$

其中

$$A=(2+t)(L+r)+\frac{(L+r)^2}{r}+\frac{1}{r}$$

证明 由 Cauchy-Schwartz 不等式，则有

$$\begin{aligned}\|\boldsymbol{s}_{k-1}\| = \|\boldsymbol{x}_k-\boldsymbol{x}_{k-1}\| &\leqslant \frac{\|\boldsymbol{F}(\boldsymbol{z}_{k-1})\|\|\boldsymbol{x}_{k-1}-\boldsymbol{z}_{k-1}\|}{\|\boldsymbol{F}(\boldsymbol{z}_{k-1})\|^2}\|\boldsymbol{F}(\boldsymbol{z}_{k-1})\| \\ &= \|\boldsymbol{x}_{k-1}-\boldsymbol{z}_{k-1}\| = \alpha_{k-1}\|\boldsymbol{d}_{k-1}\| \end{aligned} \tag{2.9}$$

由式(2.9)和引理 2.1，则有

$$\|\boldsymbol{\omega}_{k-1}\| \leqslant (L+r)\|\boldsymbol{s}_{k-1}\| \leqslant (L+r)\alpha_{k-1}\|\boldsymbol{d}_{k-1}\| \tag{2.10}$$

由式(2.9)和式(2.10)，则可得

$$\begin{aligned}\|\boldsymbol{d}_k\| &\leqslant \frac{\|\boldsymbol{s}_{k-1}\|\|\boldsymbol{\omega}_{k-1}\|}{\|\boldsymbol{s}_{k-1}\|^2}\|\boldsymbol{F}_k\| + \frac{\|\boldsymbol{\omega}_{k-1}\|\|\boldsymbol{s}_{k-1}\|}{\|\boldsymbol{s}_{k-1}\|^2}\|\boldsymbol{F}_k\| + \frac{\|\boldsymbol{s}_{k-1}\|^2}{\boldsymbol{s}_{k-1}^{\mathrm{T}}\boldsymbol{\omega}_{k-1}}\|\boldsymbol{F}_k\| + \\ &\quad t\frac{\|\boldsymbol{\omega}_{k-1}\|^2}{\boldsymbol{s}_{k-1}^{\mathrm{T}}\boldsymbol{\omega}_{k-1}}\|\boldsymbol{F}_k\| + t\frac{\|\boldsymbol{\omega}_{k-1}\|}{\|\boldsymbol{s}_{k-1}\|}\|\boldsymbol{F}_k\| \\ &\leqslant (2+t)\frac{(L+r)\|\boldsymbol{s}_k\|}{\|\boldsymbol{s}_k\|}\|\boldsymbol{F}_k\| + \left[\frac{\|\boldsymbol{s}_{k-1}\|^2+(L+r)\|\boldsymbol{s}_{k-1}\|^2}{r\|\boldsymbol{s}_{k-1}\|^2}\right]\|\boldsymbol{F}_k\| \\ &= \left[(2+t)(L+r)+\frac{1}{r}+\frac{L+r}{r}\right]\|\boldsymbol{F}_k\| \end{aligned}$$

由引理 2.3，可得到

$$\alpha_k \geqslant \min\left\{\rho, \frac{c_1\rho}{(L+\sigma)A^2}\right\} \overset{\Delta}{=} B$$

其中

$$A=(2+t)(L+r)+\frac{(L+r)^2}{r}+\frac{1}{r}$$

命题得证。

注释 2.4 由引理 2.5 可知，序列 $\boldsymbol{d}_k$ 是有界的。事实上，由假设(H_1)，不妨设 $\boldsymbol{x}^*$ 是 $\boldsymbol{F}=0$ 的解，即 $\boldsymbol{F}(\boldsymbol{x}^*)=0$。借助假设$(H_2)$，可以得到

$$\|\boldsymbol{F}_k\|=\|\boldsymbol{F}(\boldsymbol{x}_k)\|=\|\boldsymbol{F}(\boldsymbol{x}_k)-\boldsymbol{F}(\boldsymbol{x}^*)\|\leqslant L\|\boldsymbol{x}_k-\boldsymbol{x}^*\|\leqslant L\|\boldsymbol{x}_k\|+L\|\boldsymbol{x}^*\|$$

这就暗示了序列$\{\|\boldsymbol{F}_k\|\}$是有界的，进而由引理 2.5 可得，序列$\{\boldsymbol{d}_k\}$是有界的。

定理 2.1 假设$(H_1)-(H_2)$成立，并且序列$\{\boldsymbol{x}_k\}$是由算法 2.1 产生的。则有

$$\lim_{k\to\infty}\|\boldsymbol{F}_k\|=0$$

证明 如果这个结论是错误的，则存在一个常数 $\varepsilon>0$，使得

$$\|\boldsymbol{F}_k\|\geqslant\varepsilon,\ \forall k\geqslant0 \tag{2.11}$$

结合注释 2.2 和式(2.11)，可得

$$\|\boldsymbol{d}_k\|\geqslant c_1\|\boldsymbol{F}_k\|\geqslant c_1\varepsilon,\ \forall k\geqslant0$$

由式(2.6)，得到

$$\lim_{k\to\infty}\alpha_k=0$$

这与引理 2.3 矛盾。所以有

$$\lim_{k\to\infty}\|\boldsymbol{F}_k\|=0$$

命题得证。

2.4 R 阶线性收敛

这一节主要讨论算法 2.1 的 R 阶线性收敛。从定理 2.1 可知，序列$\{\boldsymbol{x}_k\}$收敛到方程组的解。因此，总假设$\lim\limits_{k\to\infty}\boldsymbol{x}_k=\bar{\boldsymbol{x}}$，$\bar{\boldsymbol{x}}\in\Omega^*$。

定理 2.2 假设$(H_1)-(H_3)$成立，并且序列$\{\boldsymbol{x}_k\}$是由算法 2.1 产生，则序列$\{\mathrm{dist}(\boldsymbol{x},\Omega^*)\}$是 Q 线性收敛到 0，从而序列$\{\boldsymbol{x}_k\}$是 R 阶线性收敛到 $\bar{\boldsymbol{x}}$。

证明 设

$$\boldsymbol{v}_k=\arg\min\{\|\boldsymbol{x}_k-\boldsymbol{v}\|:\boldsymbol{v}\in\Omega^*\}，即\|\boldsymbol{x}_k-\boldsymbol{v}\|=\mathrm{dist}(\boldsymbol{x}_k,\Omega^*)$$

借助 $\boldsymbol{F}$ 的单调性，有

$$\langle\boldsymbol{F}(\boldsymbol{z}_k)-\boldsymbol{F}(\boldsymbol{v}_k),\boldsymbol{z}_k-\boldsymbol{v}_k\rangle=\langle\boldsymbol{F}(\boldsymbol{z}_k),\boldsymbol{z}_k-\boldsymbol{v}_k\rangle\geqslant0$$

这就暗含

$$\langle\boldsymbol{F}(\boldsymbol{z}_k),\boldsymbol{x}_k-\boldsymbol{v}_k\rangle=\langle\boldsymbol{F}(\boldsymbol{z}_k),\boldsymbol{x}_k-\boldsymbol{z}_k\rangle+\langle\boldsymbol{F}(\boldsymbol{z}_k),\boldsymbol{z}_k-\boldsymbol{v}_k\rangle\geqslant\langle\boldsymbol{F}(\boldsymbol{z}_k),\boldsymbol{x}_k-\boldsymbol{z}_k\rangle$$

由式(2.4)，可得到

$$\langle \boldsymbol{F}(\boldsymbol{z}_k), \boldsymbol{x}_k-\boldsymbol{v}_k\rangle \geqslant \langle \boldsymbol{F}(\boldsymbol{z}_k), \boldsymbol{x}_k-\boldsymbol{z}_k\rangle \geqslant \sigma\alpha_k^2 \|\boldsymbol{d}_k\|^2>0 \tag{2.12}$$

由式(2.12)，则有

$$\begin{aligned}\|\boldsymbol{x}_{k+1}-\boldsymbol{v}_k\|^2 &= \left\|\boldsymbol{x}_k-\frac{\boldsymbol{F}(\boldsymbol{z}_k)^{\mathrm{T}}(\boldsymbol{x}_k-\boldsymbol{z}_k)}{\|\boldsymbol{F}(\boldsymbol{z}_k)\|^2}\boldsymbol{F}(\boldsymbol{z}_k)-\boldsymbol{v}_k\right\|^2\\
&= \|\boldsymbol{x}_k-\boldsymbol{v}_k\|^2-2\frac{\boldsymbol{F}(\boldsymbol{z}_k)^{\mathrm{T}}(\boldsymbol{x}_k-\boldsymbol{v}_k)\boldsymbol{F}(\boldsymbol{z}_k)^{\mathrm{T}}(\boldsymbol{x}_k-\boldsymbol{z}_k)}{\|\boldsymbol{F}(\boldsymbol{z}_k)\|^2}+\frac{[\boldsymbol{F}(\boldsymbol{z}_k)^{\mathrm{T}}(\boldsymbol{x}_k-\boldsymbol{z}_k)]^2}{\|\boldsymbol{F}(\boldsymbol{z}_k)\|^2}\\
&\leqslant \|\boldsymbol{x}_k-\boldsymbol{v}_k\|^2-\frac{\boldsymbol{F}(\boldsymbol{z}_k)^{\mathrm{T}}(\boldsymbol{x}_k-\boldsymbol{z}_k)\boldsymbol{F}(\boldsymbol{z}_k)^{\mathrm{T}}(\boldsymbol{x}_k-\boldsymbol{z}_k)}{\|\boldsymbol{F}(\boldsymbol{z}_k)\|^2}\\
&\leqslant \|\boldsymbol{x}_k-\boldsymbol{v}_k\|^2-\frac{\sigma^2\alpha_k^4\|\boldsymbol{d}_k\|^4}{\|\boldsymbol{F}(\boldsymbol{z}_k)\|^2}\end{aligned}$$

由 $\boldsymbol{v}_k$ 的定义，有

$$\begin{aligned}\|\boldsymbol{F}(\boldsymbol{z}_k)\| &= \|\boldsymbol{F}(\boldsymbol{z}_k)-\boldsymbol{F}(\boldsymbol{v}_k)\|\\
&\leqslant L\|\boldsymbol{z}_k-\boldsymbol{v}_k\|\\
&\leqslant L(\|\boldsymbol{x}_k-\boldsymbol{z}_k\|+\|\boldsymbol{x}_k-\boldsymbol{v}_k\|)\\
&= L(\alpha_k\|\boldsymbol{d}_k\|+\|\boldsymbol{x}_k-\boldsymbol{v}_k\|)\\
&\leqslant L(\|\boldsymbol{d}_k\|+\|\boldsymbol{x}_k-\boldsymbol{v}_k\|)\\
&\leqslant L(A\|\boldsymbol{F}(\boldsymbol{x}_k)-\boldsymbol{F}(\boldsymbol{v}_k)\|+\|\boldsymbol{x}_k-\boldsymbol{v}_k\|)\\
&\leqslant L(LA+1)\|\boldsymbol{x}_k-\boldsymbol{v}_k\|\\
&= L(LA+1)\operatorname{dist}(\boldsymbol{x}_k, \Omega^*)\end{aligned}$$

由于 $\boldsymbol{v}_k\in\Omega^*$，很容易得到

$$\begin{aligned}\operatorname{dist}(\boldsymbol{x}_{k+1}, \Omega^*)^2 &\leqslant \|\boldsymbol{x}_{k+1}-\boldsymbol{v}_k\|^2\\
&\leqslant \operatorname{dist}(\boldsymbol{x}_k, \Omega^*)^2-\frac{\sigma^2\alpha_k^4\|\boldsymbol{d}_k\|^4}{\|\boldsymbol{F}(\boldsymbol{z}_k)\|^2}\\
&\leqslant \operatorname{dist}(\boldsymbol{x}_k, \Omega^*)^2-\frac{\sigma^2\alpha_k^4c_1^4\|\boldsymbol{F}_k\|^4}{\|\boldsymbol{F}(\boldsymbol{z}_k)\|^2}\\
&\leqslant \operatorname{dist}(\boldsymbol{x}_k, \Omega^*)^2-\frac{\sigma^2B^4c_1^4\eta^4\operatorname{dist}(\boldsymbol{x}_k, \Omega^*)^4}{L^2(LA+1)^2\operatorname{dist}(\boldsymbol{x}_k, \Omega^*)^2}\\
&= \left[1-\frac{\sigma^2B^4c_1^4\mu^4}{L^2(LA+1)^2}\right]\operatorname{dist}(\boldsymbol{x}_k, \Omega^*)^2\end{aligned}$$

由于 $\sigma\in(0, 1)$，$\mu\in(0, 1)$，$B\in(0, 1)$，$c_1\in(0, 1)$，$L>1$ 和 $A\in(0, 1)$，

可得 $1-\dfrac{\sigma^2 B^4 c_1^4 \mu^4}{L^2\ (LA+1)^2}\in(0,\ 1)$。因此，序列$\{\mathrm{dist}(\boldsymbol{x}_k,\ \Omega^*)\}$是 Q 线性收敛到 0，所以，序列$\{\boldsymbol{x}_k\}$是 R 阶线性收敛到$\bar{\boldsymbol{x}}$。命题得证。

2.5 数值实验

在这一部分中，将在相同的线搜索下，比较所提算法和 TTDFP 算法[113]的性能。这两种算法在 Matlab R2010a 上编译，并在计算机上运行。要求计算机具有 2.30 GHz CPU 处理器和 2.00 GB 内存。这两种算法的参数同时选择为：$\rho=\dfrac{2}{5}$，$\sigma=10^{-4}$，$r=0.01$ 和 $t=0.5$。设置这两种算法的终止条件为 $\|\boldsymbol{F}_k\|\leqslant 10^{-5}$ 或者 $\|\boldsymbol{F}(z_k)\|\leqslant 10^{-5}$。

测试函数选择如下：

测试函数 2.1：这个测试函数来自文献[117]，映射 $\boldsymbol{F}$ 表述为 $\boldsymbol{F}(\boldsymbol{x})=[f_1(\boldsymbol{x}),f_2(\boldsymbol{x}),\ \cdots,\ f_n(\boldsymbol{x})]^{\mathrm{T}}$，$\boldsymbol{F}(\boldsymbol{x})$：$\mathbf{R}^n\to\mathbf{R}^n$ 且

$$f_i(\boldsymbol{x})=\exp\boldsymbol{x}_i-1,\ i=1,\ 2,\ 3,\ \cdots,\ n$$

测试函数 2.2：这个测试函数来自文献[110]，映射 $\boldsymbol{F}$ 表述为 $\boldsymbol{F}(\boldsymbol{x})=[f_1(\boldsymbol{x}),f_2(\boldsymbol{x}),\ \cdots,\ f_n(\boldsymbol{x})]^{\mathrm{T}}$，$\boldsymbol{F}(\boldsymbol{x})$：$\mathbf{R}^n\to\mathbf{R}^n$ 且

$$f_i(\boldsymbol{x})=2x_i-\sin x_i,\ i=1,\ 2,\ 3,\ \cdots,\ n$$

测试函数 2.3：这个测试函数来自文献[111]，映射 $\boldsymbol{F}$ 表述为 $\boldsymbol{F}(\boldsymbol{x})=[f_1(\boldsymbol{x}),f_2(\boldsymbol{x}),\ \cdots,\ f_n(\boldsymbol{x})]^{\mathrm{T}}$，$\boldsymbol{F}(\boldsymbol{x})$：$\mathbf{R}^n\to\mathbf{R}^n$ 且

$$f_1(\boldsymbol{x})=2\boldsymbol{x}_1-\boldsymbol{x}_2+\exp\boldsymbol{x}_1-1$$

$$f_i(\boldsymbol{x})=-\boldsymbol{x}_{i-1}+2\boldsymbol{x}_i-\boldsymbol{x}_{i+1}+\exp\boldsymbol{x}_i-1,\ i=2,\ 3,\ \cdots,\ n-1$$

$$f_n(\boldsymbol{x})=2\boldsymbol{x}_n-\boldsymbol{x}_{n-1}+\exp\boldsymbol{x}_n-1$$

测试函数 2.4：这个测试函数来自文献[111]，映射 $\boldsymbol{F}$ 表述为 $\boldsymbol{F}(\boldsymbol{x})=[f_1(\boldsymbol{x}),f_2(\boldsymbol{x}),\ \cdots,\ f_n(\boldsymbol{x})]^{\mathrm{T}}$，$\boldsymbol{F}(\boldsymbol{x})$：$\mathbf{R}^n\to\mathbf{R}^n$ 且

$$f_i(\boldsymbol{x})=\boldsymbol{x}_i-\sin\boldsymbol{x}_i,\ i=1,\ 2,\ 3,\ \cdots,\ n$$

首先，采用固定的初始点来测试这两种算法。

对测试函数 2.1，两种算法的初始点选择如下：

$$\boldsymbol{x}_1=[0.1,\ \cdots,\ 0.1]^{\mathrm{T}}$$

$$\boldsymbol{x}_2=\left[\frac{1-n}{n},\ \frac{2-n}{n},\ \cdots,\ 0\right]^{\mathrm{T}}$$

$$x_3=\left[\frac{1}{n},\ \frac{2}{n},\ \cdots,\ 1\right]^{\mathrm{T}}$$

$$x_4=\left[-\frac{1}{3},\ \cdots,\ -\frac{1}{3},\ \frac{1}{5},\ \cdots,\ \frac{1}{5}\right]^{\mathrm{T}}$$

$$x_5=\left[-\frac{1}{4},\ \frac{1}{4},\ \cdots,\ (-1)^n\frac{1}{4}\right]^{\mathrm{T}}$$

所得的数据结果放在表 2.1 中。

对测试函数 2.2，两种算法的初始点选择如下：

$$x_1=\left[\frac{1}{n},\ \frac{2}{n},\ \cdots,\ 1\right]^{\mathrm{T}}$$

$$x_2=\left[1,\ \frac{1}{2},\ \cdots,\ \frac{1}{n}\right]^{\mathrm{T}}$$

$$x_3=\left[1,\ \frac{1}{2^2},\ \cdots,\ \frac{1}{n^2}\right]^{\mathrm{T}}$$

$$x_4=\left[1+\frac{1}{n},\ \frac{2}{n}+\frac{1}{2^2},\ \cdots,\ 1+\frac{1}{n^2}\right]^{\mathrm{T}}$$

$$x_5=\left[1+\frac{1}{2},\ \frac{1}{2}+\frac{1}{2^2},\ \cdots,\ \frac{1}{n}+\frac{1}{2^n}\right]^{\mathrm{T}}$$

$$x_6=\left[1+\frac{1}{n^3},\ \frac{1}{2^2}+\frac{2^2}{n^3},\ \cdots,\ \frac{1}{n^2}+\frac{n^2}{n^3}\right]^{\mathrm{T}}$$

所得的数据结果放在表 2.2 中。

对测试函数 2.3，我们选择两种算法的初始点如下：

$$x_1=(0.1,\ 0.1,\ \cdots,\ 0.1)^{\mathrm{T}}$$

$$x_2=\left[0,\ \frac{1}{n},\ \cdots,\ \frac{n-1}{n}\right]^{\mathrm{T}}$$

$$x_3=\left[-\frac{1}{4},\ \frac{1}{4^2},\ \cdots,\ (-1)^n\frac{1}{4^n}\right]^{\mathrm{T}}$$

$$x_4=\left[\frac{1}{7},\ \cdots,\ \frac{1}{7},\ -\frac{1}{5},\ \cdots,\ -\frac{1}{5}\right]^{\mathrm{T}}$$

$$x_5=\left[\frac{1}{n}-1,\ \frac{2}{n}-1,\ \cdots,\ 0\right]^{\mathrm{T}}$$

所得数据结果放在表 2.3 中。

对测试函数 2.4，我们选择两种算法的初始点如下：

$$x_1=\left[\frac{1}{n}-1,\ \frac{2}{n}-1,\ \cdots,\ 0\right]^{\mathrm{T}}$$

$$x_2=\left[\frac{1}{n},\ \frac{2}{n},\ \cdots,\ 1\right]^{\mathrm{T}}$$

$$x_3=\left[1,\ \frac{1}{2},\ \cdots,\ \frac{1}{n}\right]^{\mathrm{T}}$$

$$x_4=\left[\frac{1}{2},\ \frac{1}{2^2},\ \cdots,\ \frac{1}{2^n}\right]^{\mathrm{T}}$$

$$x_5=[1,\ 1,\ \cdots,\ 1)^{\mathrm{T}}$$

$$x_6=[0.1,\ 0.1,\ \cdots,\ 0.1]^{\mathrm{T}}$$

所得的所有数据放在表 2.4 中。

其次，针对这些测试函数，选择在(0, 1)中随机产生的点作为初始点。所有的数据都放在表 2.5 中。

表中“IP”表示初始点，“Dim”表示初始点的维数，“NI”表示算法的迭代次数，“NF”表示函数值的迭代次数，“FV”表示 $\|F_k\|$ 的最终值，“P”表示选取的测试函数，“CPU”表示运行时间。

表 2.1　TTDFP 算法和算法 2.1 处理测试函数 2.1 的数值实验结果

IP	Dim	TTDFP 算法				算法 2.1			
		NI	NF	CPU	FV	NI	NF	CPU	FV
X_1	1000	24	164	0.08	8.77×10^{-6}	24	164	0.07	9.50×10^{-6}
	5000	26	178	0.21	6.79×10^{-6}	26	178	0.18	7.40×10^{-6}
	20000	27	185	0.68	7.99×10^{-6}	27	185	0.57	8.74×10^{-6}
	30000	27	185	0.99	9.79×10^{-6}	28	192	0.99	6.32×10^{-6}
	80000	28	192	3.12	9.40×10^{-6}	29	199	3.12	6.09×10^{-6}
X_2	1000	64	814	0.24	8.93×10^{-6}	59	486	0.16	9.96×10^{-6}
	5000	61	767	0.81	7.76×10^{-6}	63	549	0.59	8.24×10^{-6}
	20000	66	834	3.81	9.88×10^{-6}	47	395	2.29	7.45×10^{-6}
	30000	74	960	7.09	9.88×10^{-6}	43	359	3.10	9.93×10^{-6}
	80000	68	855	22.36	9.07×10^{-6}	60	491	20.53	9.33×10^{-6}
X_3	1000	57	704	0.20	6.17×10^{-6}	30	245	0.11	6.68×10^{-6}
	5000	67	862	0.89	8.59×10^{-6}	31	252	0.33	9.71×10^{-6}
	20000	67	862	3.72	9.57×10^{-6}	35	284	1.93	9.42×10^{-6}
	30000	71	916	6.80	8.63×10^{-6}	37	304	3.72	7.75×10^{-6}
	80000	66	829	28.58	9.17×10^{-6}	37	300	18.88	7.54×10^{-6}

表 2.1(续)

IP	Dim	TTDFP 算法				算法 2.1			
		NI	NF	CPU	FV	NI	NF	CPU	FV
$\boldsymbol{X}_4$	1000	61	771	0.17	6.50×10^{-6}	28	208	0.09	7.31×10^{-6}
	5000	65	800	0.69	9.64×10^{-6}	30	223	0.30	9.35×10^{-6}
	20000	68	884	2.47	9.30×10^{-6}	32	238	1.79	7.95×10^{-6}
	30000	74	983	6.32	7.09×10^{-6}	32	238	3.47	9.74×10^{-6}
	80000	67	845	27.92	9.65×10^{-6}	36	273	20.53	9.43×10^{-6}
$\boldsymbol{X}_5$	1000	56	697	0.21	6.43×10^{-6}	29	241	0.10	9.24×10^{-6}
	5000	66	876	0.90	9.52×10^{-6}	31	255	0.33	7.19×10^{-6}
	20000	61	761	3.58	9.61×10^{-6}	32	262	1.87	8.51×10^{-6}
	30000	62	772	6.13	9.94×10^{-6}	33	269	3.03	6.15×10^{-6}
	80000	66	840	19.90	8.38×10^{-6}	34	276	18.11	5.93×10^{-6}

表 2.2 TTDFP 算法和算法 2.1 处理测试函数 2.2 的数值实验结果

IP	Dim	TTDFP 算法				算法 2.1			
		NI	NF	CPU	FV	NI	NF	CPU	FV
$\boldsymbol{X}_1$	10000	67	898	1.68	6.15×10^{-6}	63	538	1.03	8.43×10^{-6}
	30000	70	949	5.79	9.25×10^{-6}	59	505	3.86	7.71×10^{-6}
	50000	59	754	11.52	7.27×10^{-6}	69	603	6.43	8.83×10^{-6}
	80000	58	728	19.76	9.43×10^{-6}	62	521	13.34	9.93×10^{-6}
	200000	78	1055	105.47	8.08×10^{-6}	70	619	86.48	7.47×10^{-6}
$\boldsymbol{X}_2$	10000	43	550	1.04	8.65×10^{-6}	24	184	0.59	7.50×10^{-6}
	30000	45	573	3.74	8.21×10^{-6}	24	184	2.53	7.50×10^{-6}
	50000	46	600	7.62	6.15×10^{-6}	24	184	6.11	7.50×10^{-6}
	80000	43	548	13.20	9.65×10^{-6}	24	184	11.44	7.50×10^{-6}
	200000	46	603	88.33	9.83×10^{-6}	24	184	84.35	7.50×10^{-6}
$\boldsymbol{X}_3$	10000	44	566	0.97	8.51×10^{-6}	42	358	0.82	8.19×10^{-6}
	30000	39	496	4.06	9.32×10^{-6}	36	299	2.72	9.70×10^{-6}
	50000	41	524	5.72	8.85×10^{-6}	35	279	6.41	8.96×10^{-6}
	80000	41	532	12.49	7.83×10^{-6}	35	279	14.30	9.08×10^{-6}
	200000	41	525	88.88	9.82×10^{-6}	33	261	82.32	9.82×10^{-6}

表 2.2(续)

IP	Dim	TTDFP 算法				算法 2.1			
		NI	NF	CPU	FV	NI	NF	CPU	FV
$\boldsymbol{X}_4$	10000	67	893	1.64	8.14×10^{-6}	63	547	1.07	7.05×10^{-6}
	30000	58	746	4.32	9.26×10^{-6}	58	746	3.58	9.26×10^{-6}
	50000	68	910	6.80	9.41×10^{-6}	68	910	8.93	9.41×10^{-6}
	80000	58	724	14.91	7.34×10^{-6}	58	724	16.38	7.34×10^{-6}
	200000	65	842	90.46	8.40×10^{-6}	65	842	89.46	8.40×10^{-6}
$\boldsymbol{X}_5$	10000	48	635	1.03	9.38×10^{-6}	32	282	0.71	9.14×10^{-6}
	30000	48	628	3.44	8.87×10^{-6}	32	282	2.70	8.83×10^{-6}
	50000	44	550	5.65	6.89×10^{-6}	34	300	4.96	9.57×10^{-6}
	80000	45	577	14.32	9.57×10^{-6}	32	279	11.07	8.01×10^{-6}
	200000	48	623	88.51	9.47×10^{-6}	37	334	84.67	6.53×10^{-6}
$\boldsymbol{X}_6$	10000	38	479	0.92	8.11×10^{-6}	35	275	0.62	9.72×10^{-6}
	30000	40	506	3.09	9.68×10^{-6}	37	299	2.74	8.87×10^{-6}
	50000	44	571	5.24	7.69×10^{-6}	38	312	5.83	7.33×10^{-6}
	80000	46	600	12.51	7.40×10^{-6}	38	312	11.36	9.87×10^{-6}
	200000	45	583	82.95	7.34×10^{-6}	39	324	84.72	6.73×10^{-6}

表 2.3　TTDFP 算法和算法 2.1 处理测试函数 2.3 的数值实验结果

IP	Dim	TTDFP 算法				算法 2.1			
		NI	NF	CPU	FV	NI	NF	CPU	FV
$\boldsymbol{X}_1$	1000	795	2563	0.99	8.35×10^{-6}	125	1390	0.36	9.88×10^{-6}
	5000	919	2921	2.86	9.73×10^{-6}	146	1407	1.32	9.96×10^{-6}
	8000	860	2780	6.12	9.80×10^{-6}	186	1291	2.29	9.88×10^{-6}
	20000	707	2235	11.76	8.78×10^{-6}	123	1335	5.30	9.77×10^{-6}
	30000	868	2768	21.42	9.99×10^{-6}	213	1263	8.17	9.68×10^{-6}
$\boldsymbol{X}_2$	1000	484	1668	0.66	9.86×10^{-6}	245	1461	0.49	9.81×10^{-6}
	5000	1106	3492	5.12	9.93×10^{-6}	177	1490	1.75	9.28×10^{-6}
	8000	788	2591	5.74	9.55×10^{-6}	248	1461	2.83	9.84×10^{-6}
	20000	1479	4595	24.89	9.50×10^{-6}	142	1600	7.45	9.94×10^{-6}
	30000	366	1373	12.75	9.96×10^{-6}	271	1640	13.17	9.27×10^{-6}

表 2.3(续)

IP	Dim	TTDFP 算法				算法 2.1			
		NI	NF	CPU	FV	NI	NF	CPU	FV
$\boldsymbol{X}_3$	1000	187	871	0.30	9.43×10^{-6}	35	568	0.19	7.50×10^{-6}
	5000	259	1072	1.50	9.99×10^{-6}	86	1059	1.21	9.19×10^{-6}
	8000	153	796	1.44	9.64×10^{-6}	82	1076	1.92	7.03×10^{-6}
	20000	243	1141	6.62	9.14×10^{-6}	99	1061	5.22	9.65×10^{-6}
	30000	337	1354	1074	9.97×10^{-6}	133	1101	9.08	9.75×10^{-6}
$\boldsymbol{X}_4$	1000	733	2289	0.95	9.99×10^{-6}	222	1301	0.40	9.27×10^{-6}
	5000	983	3142	4.56	9.51×10^{-6}	181	1503	1.75	9.83×10^{-6}
	8000	577	1944	4.39	8.73×10^{-6}	254	1492	2.46	9.35×10^{-6}
	20000	492	1679	8.01	9.68×10^{-6}	259	1507	7.42	9.79×10^{-6}
	30000	727	2382	20.70	9.63×10^{-6}	258	1522	12.40	9.86×10^{-6}
$\boldsymbol{X}_5$	1000	1157	3646	1.42	9.95×10^{-6}	216	1543	0.36	9.64×10^{-6}
	5000	613	2080	3.02	9.09×10^{-6}	170	1564	1.77	8.18×10^{-6}
	8000	502	1740	3.92	9.21×10^{-6}	227	1492	2.85	9.99×10^{-6}
	20000	1271	4000	22.40	9.98×10^{-6}	262	1554	7.91	9.94×10^{-6}
	30000	1278	4033	34.22	8.45×10^{-6}	258	1495	12.26	9.39×10^{-6}

表 2.4　TTDFP 算法和算法 2.1 处理测试函数 2.4 的数值实验结果

IP	Dim	TTDFP 算法				算法 2.1			
		NI	NF	CPU	FV	NI	NF	CPU	FV
$\boldsymbol{X}_1$	10000	432	495	1.70	9.97×10^{-6}	433	501	1.68	9.99×10^{-6}
	30000	620	686	8.82	9.98×10^{-6}	619	696	6.39	9.98×10^{-6}
	50000	732	814	17.14	9.98×10^{-6}	729	822	15.43	9.99×10^{-6}
	80000	851	914	28.11	9.99×10^{-6}	849	942	24.62	9.99×10^{-6}
	200000	1152	1277	125.48	9.99×10^{-6}	1146	1216	125.11	9.99×10^{-6}
$\boldsymbol{X}_2$	10000	435	507	1.72	9.99×10^{-6}	431	499	1.79	9.98×10^{-6}
	30000	616	703	7.75	9.98×10^{-6}	615	710	8.23	9.99×10^{-6}
	50000	731	796	17.24	9.99×10^{-6}	726	799	16.12	9.99×10^{-6}
	80000	857	979	28.38	9.99×10^{-6}	853	922	27.41	9.99×10^{-6}
	200000	1149	1210	123.22	9.99×10^{-6}	1153	1249	124.60	9.99×10^{-6}
$\boldsymbol{X}_3$	10000	58	82	0.53	9.93×10^{-6}	54	94	0.81	9.93×10^{-6}
	30000	58	82	2.87	9.93×10^{-6}	54	94	2.82	9.93×10^{-6}

表 2.4(续)

IP	Dim	TTDFP 算法				算法 2.1			
		NI	NF	CPU	FV	NI	NF	CPU	FV
	50000	58	82	7.68	9.93×10^{-6}	54	94	7.45	9.93×10^{-6}
	80000	58	82	17.19	9.93×10^{-6}	54	94	12.43	9.93×10^{-6}
	200000	58	82	89.25	9.93×10^{-6}	54	94	81.08	9.93×10^{-6}
$\boldsymbol{X}_4$	10000	23	80	0.45	9.33×10^{-6}	23	80	0.38	9.48×10^{-6}
	30000	23	80	2.76	9.33×10^{-6}	23	80	1.91	9.48×10^{-6}
	50000	23	80	6.92	9.33×10^{-6}	23	80	6.62	9.48×10^{-6}
	80000	23	80	16.75	9.33×10^{-6}	23	80	16.03	9.48×10^{-6}
	200000	23	80	90.20	9.33×10^{-6}	23	80	88.30	9.48×10^{-6}
$\boldsymbol{X}_5$	10000	417	422	1.86	9.98×10^{-6}	419	424	1.69	9.98×10^{-6}
	30000	602	607	8.30	9.99×10^{-6}	605	610	7.02	9.99×10^{-6}
	50000	715	720	10.41	9.98×10^{-6}	718	723	16.55	9.99×10^{-6}
	80000	836	841	27.62	9.99×10^{-6}	840	845	25.84	9.99×10^{-6}
	200000	1136	1141	129.12	9.99×10^{-6}	1141	1146	123.52	9.99×10^{-6}
$\boldsymbol{X}_6$	10000	414	415	1.66	9.99×10^{-6}	416	417	1.52	9.99×10^{-6}
	30000	600	601	8.37	9.98×10^{-6}	603	604	6.48	9.98×10^{-6}
	50000	712	713	17.34	9.99×10^{-6}	715	716	13.22	9.99×10^{-6}
	80000	833	834	26.81	9.99×10^{-6}	838	839	26.50	9.98×10^{-6}
	200000	1133	1134	123.82	9.99×10^{-6}	1139	1140	115.81	9.99×10^{-6}

表 2.5　TTDFP 算法和算法 2.1 处理测试函数 2.1 至 2.4 的数值实验结果

P	Dim	TTDFP 算法				算法 2.1			
		NI	NF	CPU	FV	NI	NF	CPU	FV
2.1	2000	59	778	0.39	9.39×10^{-6}	30	245	0.14	9.19×10^{-6}
	5000	71	965	0.84	7.69×10^{-6}	33	270	0.28	9.61×10^{-6}
	8000	75	1033	1.35	8.07×10^{-6}	32	259	0.37	7.87×10^{-6}
	10000	74	990	1.58	7.59×10^{-6}	33	268	0.44	8.99×10^{-6}
	30000	71	910	2.85	8.42×10^{-6}	34	275	1.43	9.05×10^{-6}
2.2	2000	63	852	0.31	7.19×10^{-6}	62	552	0.25	8.34×10^{-6}
	5000	62	819	0.61	7.43×10^{-6}	59	501	0.42	9.37×10^{-6}
	8000	64	863	1.18	8.29×10^{-6}	53	443	0.62	8.11×10^{-6}
	10000	59	770	1.08	8.61×10^{-6}	58	490	0.86	7.45×10^{-6}
	30000	73	999	4.97	7.69×10^{-6}	35	268	1.14	6.51×10^{-6}

表 2.5(续)

IP	Dim	TTDFP 算法				算法 2.1			
		NI	NF	CPU	FV	NI	NF	CPU	FV
2.3	2000	332	1242	0.81	9.80×10^{-6}	147	1596	0.64	9.75×10^{-6}
	5000	514	1799	1.97	8.84×10^{-6}	185	1586	1.32	9.94×10^{-6}
	8000	813	2766	5.47	9.94×10^{-6}	133	1628	1.90	8.29×10^{-6}
	10000	756	2498	6.98	9.98×10^{-6}	182	1549	2.13	9.92×10^{-6}
	30000	1181	3876	26.06	8.80×10^{-6}	216	1629	10.80	8.84×10^{-6}
2.4	2000	259	289	0.26	9.96×10^{-6}	250	323	0.24	9.99×10^{-6}
	5000	350	425	0.71	9.99×10^{-6}	342	431	0.70	9.98×10^{-6}
	8000	401	466	1.32	9.99×10^{-6}	398	488	1.19	9.97×10^{-6}
	10000	432	535	1.71	9.99×10^{-6}	426	490	1.51	9.98×10^{-6}
	30000	629	745	6.76	9.98×10^{-6}	620	684	5.21	9.98×10^{-6}

与此同时，在表 2.1 至表 2.5 数据的基础上，结合 Dolan 和 More[118] 的性能曲线，获得了三张性能曲线图。这三张性能曲线图分别从 NI(算法的迭代次数)、NF(函数值迭代次数) 和 CPU(运行时间) 三个方面显示了算法优于 TTDFP 算法。

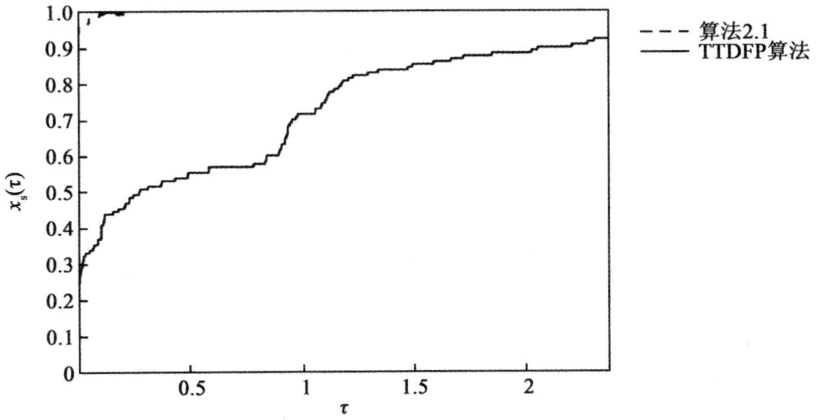

图 2.1　两种算法的算法迭代次数性能曲线图

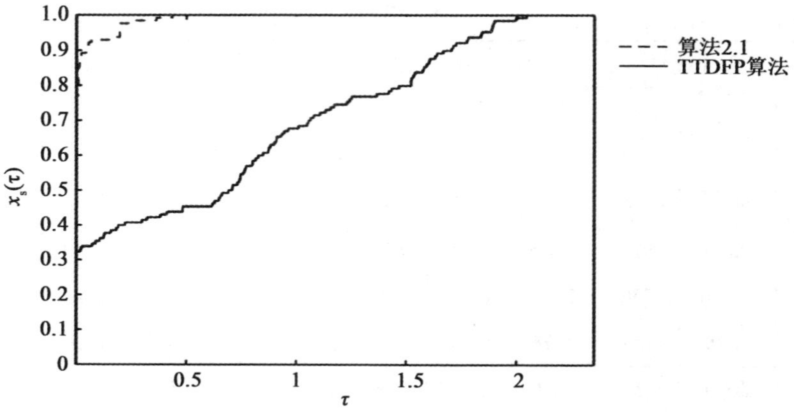

图 2.2 两种算法的函数值迭代次数性能曲线图

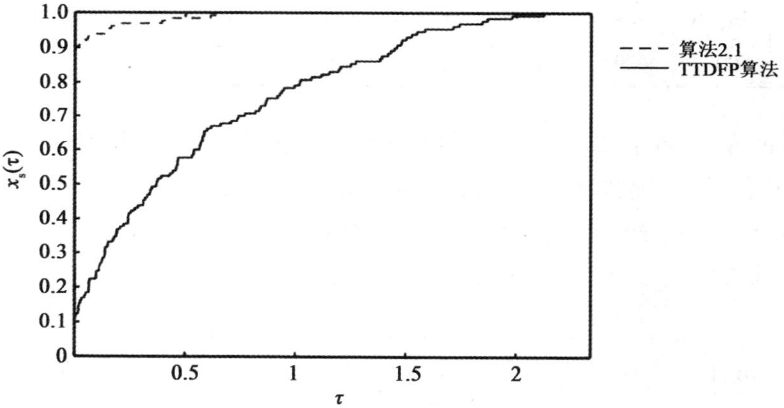

图 2.3 两种算法的运行时间性能曲线图

从表 2.1 至表 2.5 可知，两种算法对测试函数 2.1 和测试函数 2.2 是对初始点和维数不敏感的。而对测试函数 2.3 和测试函数 2.4，这两种算法是对初始点和维数敏感的。结合表 2.1 至表 2.5 和图 2.1 至图 2.3 可知，算法 2.1 明显优于 TTDFP 算法。

2.6 本章小结

本章提出了一种含有谱商参数的三项无导数投影算法来求解单调非线性方程组。所提的算法不仅满足 Dai-Liao 共轭条件，还满足拟牛顿方程。在恰当的条件下，证明了该算法的全局收敛性和 R 阶线性收敛。数值实验结果显示，算法 2.1 明显优于 TTDFP 算法。

3 一种基于 LS 法的三项无导数投影算法

3.1 引言

本章，考虑求解如下的单调非线性方程组：

$$\boldsymbol{F}(\boldsymbol{x})=\boldsymbol{0},\ \boldsymbol{x}\in\Omega \tag{3.1}$$

其中 F：$\mathbf{R}^n\to\mathbf{R}^n$ 是连续的和单调的。单调性意味着

$$\langle\boldsymbol{F}(\boldsymbol{x})-\boldsymbol{F}(\boldsymbol{y}),\ \boldsymbol{x}-\boldsymbol{y}\rangle\geqslant 0,\ \forall x,\ y\in\mathbf{R}^n$$

含有凸约束的大规模方程组模型(3.1)来自许多实际问题，例如化学均衡系统[119-120]、经济均衡问题[121]和潮流方程[122]等。本章专注于寻找一种新的方法来求解方程组(3.1)，这与可微性无关并且仅需要较低的存储量。

许多算法已经被提出来处理方程组(3.1)，例如：牛顿法、拟牛顿法、高斯-牛顿法、Levenberg-Marquardt 方法及其一系列变型[107-108,123-125]。这些方法是因为它们如果从足够好的初始点出发，就具有快速的收敛性，所以很有吸引力。然而，这些方法需要在每次迭代中使用雅可比矩阵或其近似的雅可比矩阵。因此，不适合求解大规模非线性方程组。

在过去的几年里，投影法获得了极大的关注。作为先驱，Solodov 和 Svaiter[126]提出了投影方法来解决式(3.1)。后来，Wang 等[117]扩展了 Solodov 和 Svaiter 的工作；然而仅使用投影法来求解大规模方程组还有许多不足。考虑到共轭梯度法的低存储和简洁性，一些学者试图结合共轭梯度法与投影技术，设计出新的投影算法。近年来，借助超平面投影技术，Cheng[127]扩展了著名的 PRP 法[10-11]来求解式(3.1)。此外，证明全局收敛性的过程没有使用导数的概念。Li 和 Wang[22]介绍了一种改进的 Fletcher-Reeves 方法[2]求解具有凸约束的对称非线性单调方程组。该方法产生的下降方向，不仅消除了残差函数，而且完全没有涉及矩阵。通过结合著名的 Hager-Zhang 共轭梯度方法[85]和超平面投影技术，Xiao 和 Zhu[86]提出了求解式(3.1)的新投影算法。此外，它还被应用于恢复稀疏信号。从上述文献可知，发展基于三项共轭梯法和超平面投影技术的

新投影算法来求解式(3.1)是非常必要的。

本章借助线搜索和投影技术，提出了一种基于共轭梯度法的三项投影算法。在恰当的假设下，证明了该算法的全局收敛性和R阶线性收敛。

3.2 算法

在HS法的基础上，Zhang等[128]构造了一个下降的三项共轭梯度法，搜索方向为：

$$\boldsymbol{d}_{k+1}=-\boldsymbol{g}_{k+1}+\frac{\boldsymbol{g}_{k+1}^{\mathrm{T}}\boldsymbol{y}_k}{\boldsymbol{s}_k^{\mathrm{T}}\boldsymbol{y}_k}\boldsymbol{s}_k-\frac{\boldsymbol{g}_{k+1}^{\mathrm{T}}\boldsymbol{s}_k}{\boldsymbol{s}_k^{\mathrm{T}}\boldsymbol{y}_k}\boldsymbol{y}_k$$

其中，$\boldsymbol{s}_k=\boldsymbol{x}_{k+1}-\boldsymbol{x}_k$。

Wang等[54]扩展文献[128]的方法来求解式(3.1)，并且提出如下的迭代结构：

$$\boldsymbol{d}_{k+1}=-\boldsymbol{F}_{k+1}+\frac{\boldsymbol{F}_{k+1}^{\mathrm{T}}\boldsymbol{y}_k}{\boldsymbol{d}_k^{\mathrm{T}}\boldsymbol{y}_k}\boldsymbol{d}_k-\frac{\boldsymbol{F}_{k+1}^{\mathrm{T}}\boldsymbol{d}_k}{\boldsymbol{d}_k^{\mathrm{T}}\boldsymbol{y}_k}\boldsymbol{y}_k \tag{3.2}$$

其中，$\boldsymbol{F}_k=\boldsymbol{F}(\boldsymbol{x}_k)$，且$\boldsymbol{y}_k=\boldsymbol{F}_{k+1}-\boldsymbol{F}_k$。

受式(3.2)的影响，为了进一步削减计算量，考虑用$\boldsymbol{F}_k$来代替$\boldsymbol{y}_k$，选择LS共轭参数的一部分作为新的共轭参数，并且提出如下的三项公式：

$$\boldsymbol{d}_{k+1}=-\boldsymbol{F}_{k+1}-\frac{\boldsymbol{F}_{k+1}^{\mathrm{T}}\boldsymbol{F}_k}{\boldsymbol{F}_k^{\mathrm{T}}\boldsymbol{d}_k}\boldsymbol{d}_k+\frac{\boldsymbol{F}_{k+1}^{\mathrm{T}}\boldsymbol{d}_k}{\boldsymbol{F}_k^{\mathrm{T}}\boldsymbol{d}_k}\boldsymbol{F}_k \tag{3.3}$$

在式(3.3)中，由于$\boldsymbol{F}_k^{\mathrm{T}}\boldsymbol{d}_k=-\|\boldsymbol{F}_k\|^2$，不需要考虑$\boldsymbol{F}_k^{\mathrm{T}}\boldsymbol{d}_k=0$。

算法3.1

步1：首先给出初始点$\boldsymbol{x}_0\in\mathbf{R}^n$，$\rho\in(0,1)$，$\sigma\in(0,1)$，$\gamma\in(0,2)$，$k=0$。

步2：如果$\|\boldsymbol{F}_k\|=0$，迭代终止，否则，转步3。

步3：计算搜索方向$\boldsymbol{d}_k$，由式(3.3)计算。

步4：计算$z_k=\boldsymbol{x}_k+\alpha_k\boldsymbol{d}_k$，$\alpha_k=\rho^m$，$m$是满足式(3.4)成立的最小非负整数。

$$-\boldsymbol{F}(z_k)^{\mathrm{T}}\boldsymbol{d}_k\geqslant\sigma\rho^m\|\boldsymbol{d}_k\|^2 \tag{3.4}$$

步5：如果$z_k\in\Omega^*$，则$\boldsymbol{x}_{k+1}=z_k$，终止。否则

$$\boldsymbol{x}_{k+1}=\boldsymbol{x}_k-\boldsymbol{P}_\Omega[\boldsymbol{x}_k-\gamma\xi_k\boldsymbol{F}(z_k)]$$

其中

$$\xi_k=\frac{\boldsymbol{F}(z_k)^{\mathrm{T}}(\boldsymbol{x}_k-z_k)}{\|\boldsymbol{F}(z_k)\|^2}\boldsymbol{F}(z_k)$$

置$k=k+1$，转第2步。

注释 3.1 借助式(3.3)，知道

$$F_k^{\mathrm{T}}\boldsymbol{d}_k=-\|\boldsymbol{F}_k\|^2 \tag{3.5}$$

借助式(3.5)和 Cauchy-Schwarz 不等式，有

$$\|\boldsymbol{F}_k\|\leqslant\|\boldsymbol{d}_k\| \tag{3.6}$$

另一方面，从 $\boldsymbol{d}_k$ 的构造，可以知道

$$\begin{aligned}\|\boldsymbol{d}_k\|&\leqslant\|\boldsymbol{F}_k\|+|\beta_k|\,\|\boldsymbol{d}_{k-1}\|+|\theta_k|\,\|\boldsymbol{F}_{k-1}\|\\&=\|\boldsymbol{F}_k\|+\left|\frac{\boldsymbol{F}_k^{\mathrm{T}}\boldsymbol{F}_{k-1}}{\boldsymbol{F}_{k-1}^{\mathrm{T}}\boldsymbol{d}_{k-1}}\right|\|\boldsymbol{d}_{k-1}\|+\left|\frac{\boldsymbol{F}_k^{\mathrm{T}}\boldsymbol{d}_{k-1}}{\boldsymbol{F}_{k-1}^{\mathrm{T}}\boldsymbol{d}_{k-1}}\right|\|\boldsymbol{F}_{k-1}\|\\&\leqslant 3\|\boldsymbol{F}_k\|\end{aligned}$$

因此，有 $\|\boldsymbol{F}_k\|\leqslant\|\boldsymbol{d}_k\|\leqslant 3\|\boldsymbol{F}_k\|$。从这个不等式，可以知道 $\|\boldsymbol{F}_k\|=0$ 等价于 $\|\boldsymbol{d}_k\|=0$。

注释 3.2 对比 SATCGM 方法[54]，本章方法有不同的迭代结构 $\boldsymbol{d}_k$。在 $\boldsymbol{d}_k$ 的构造过程中，使用了临近点信息。更进一步，借助式(3.5)，可知 $\boldsymbol{F}_k^{\mathrm{T}}\boldsymbol{d}_k=0$ 等价于 $\|\boldsymbol{F}_k\|=0$。由于算法 3.1 的终止条件可知，当计算 $\boldsymbol{d}_k$ 时，不需要考虑 $\boldsymbol{F}_k^{\mathrm{T}}\boldsymbol{d}_k=0$。

3.3 全局收敛性

引理 3.1 假设(H_1)和(H_2)成立，序列$\{\boldsymbol{x}_k\}$由算法 3.1 产生，则 $\boldsymbol{F}(z_k)$是函数 $\|\boldsymbol{x}-\boldsymbol{x}^*\|^2$在 $\boldsymbol{x}^*$ 处的一个上升方向，其中 $\boldsymbol{x}^*\in\Omega^*$。

证明 借助线搜索和 $z_k=\boldsymbol{x}_k+\alpha_k\boldsymbol{d}_k$，有

$$(\boldsymbol{x}_k-z_k)^{\mathrm{T}}\boldsymbol{F}(z_k)=-\alpha_k\boldsymbol{F}^{\mathrm{T}}(z_k)\boldsymbol{d}_k\geqslant\sigma\alpha_k^2\|\boldsymbol{F}(z_k)\|\,\|\boldsymbol{d}_k\|^2\geqslant 0 \tag{3.7}$$

通过结合(H_2)，有

$$\begin{aligned}(\boldsymbol{x}_k-\boldsymbol{x}^*)^{\mathrm{T}}\boldsymbol{F}(z_k)&=(\boldsymbol{x}_k-z_k)^{\mathrm{T}}\boldsymbol{F}(z_k)+(z_k-\boldsymbol{x}^*)^{\mathrm{T}}\boldsymbol{F}(z_k)\\&\geqslant(\boldsymbol{x}_k-z_k)^{\mathrm{T}}\boldsymbol{F}(z_k)+(z_k-\boldsymbol{x}^*)^{\mathrm{T}}\boldsymbol{F}(\boldsymbol{x}^*)\\&=(\boldsymbol{x}_k-z_k)^{\mathrm{T}}\boldsymbol{F}(z_k)\\&\geqslant\sigma\alpha_k^2\|\boldsymbol{F}(z_k)\|\,\|\boldsymbol{d}_k\|^2\end{aligned}$$

这就意味着 $\boldsymbol{F}(z_k)$是函数 $\|\boldsymbol{x}-\boldsymbol{x}^*\|^2$在 $\boldsymbol{x}^*$ 处的一个上升方向。

引理 3.2 假设(H_1)和(H_2)成立，序列$\{\boldsymbol{x}_k\}$由算法 3.1 产生，则 $\forall\boldsymbol{x}^*\in\Omega^*$

$$\|\boldsymbol{x}_{k+1}-\boldsymbol{x}^*\|^2\leqslant\|\boldsymbol{x}_k-\boldsymbol{x}^*\|^2-\gamma(2-\gamma)\sigma^2\|\boldsymbol{x}_k-z_k\|^4 \tag{3.8}$$

并且序列$\{\boldsymbol{x}_k\}$和序列$\{z_k\}$都有界。更进一步，有

$$\lim_{k\to\infty}\alpha_k\|\boldsymbol{d}_k\|=0$$

证明 由 $\boldsymbol{F}$ 的单调性可知

$$[\boldsymbol{F}(\boldsymbol{z}_k)-\boldsymbol{F}(\boldsymbol{x}^*)]^{\mathrm{T}}(\boldsymbol{x}_k-\boldsymbol{x}^*)-[\boldsymbol{F}(\boldsymbol{z}_k)-\boldsymbol{F}(\boldsymbol{x}^*)]^{\mathrm{T}}(\boldsymbol{x}_k-\boldsymbol{z}_k)$$
$$=[\boldsymbol{F}(\boldsymbol{z}_k)-\boldsymbol{F}(\boldsymbol{x}^*)]^{\mathrm{T}}(\boldsymbol{z}_k-\boldsymbol{x}^*)\geqslant 0$$

结合式(3.7)，有

$$[\boldsymbol{F}(\boldsymbol{z}_k)-\boldsymbol{F}(\boldsymbol{x}^*)]^{\mathrm{T}}(\boldsymbol{x}_k-\boldsymbol{z}_k)=\boldsymbol{F}(\boldsymbol{z}_k)^{\mathrm{T}}(-\alpha_k\boldsymbol{d}_k)\geqslant\sigma\alpha_k^2\|\boldsymbol{F}(\boldsymbol{z}_k)\|\|\boldsymbol{d}_k\|^2\geqslant 0$$

$\forall \boldsymbol{x}^*\in\Omega^*$，从算法 3.1 的第 4 步可知：

$$\begin{aligned}
\|\boldsymbol{x}_{k+1}-\boldsymbol{x}^*\|^2&=\|\boldsymbol{P}_\Omega[\boldsymbol{x}_k-\gamma\xi_k\boldsymbol{F}(\boldsymbol{z}_k)]-\boldsymbol{P}_\Omega(\boldsymbol{x}^*)\|^2\\
&\leqslant\|\boldsymbol{x}_k-\gamma\xi_k\boldsymbol{F}(\boldsymbol{z}_k)-\boldsymbol{x}^*\|^2\\
&=\|\boldsymbol{x}_k-\boldsymbol{x}^*\|^2-2\gamma\xi_k(\boldsymbol{x}_k-\boldsymbol{x}^*)^{\mathrm{T}}\boldsymbol{F}(\boldsymbol{z}_k)+\gamma^2\xi_k^2\|\boldsymbol{F}(\boldsymbol{z}_k)\|^2\\
&\leqslant\|\boldsymbol{x}_k-\boldsymbol{x}^*\|^2-2\gamma\frac{[(\boldsymbol{x}_k-\boldsymbol{z}_k)^{\mathrm{T}}\boldsymbol{F}(\boldsymbol{z}_k)]^2}{\|\boldsymbol{F}(\boldsymbol{z}_k)\|^2}+\gamma^2\frac{[(\boldsymbol{x}_k-\boldsymbol{z}_k)^{\mathrm{T}}\boldsymbol{F}(\boldsymbol{z}_k)]^2}{\|\boldsymbol{F}(\boldsymbol{z}_k)\|^2}\\
&=\|\boldsymbol{x}_k-\boldsymbol{x}^*\|^2-\gamma(2-\gamma)\frac{[(\boldsymbol{x}_k-\boldsymbol{z}_k)^{\mathrm{T}}\boldsymbol{F}(\boldsymbol{z}_k)]^2}{\|\boldsymbol{F}(\boldsymbol{z}_k)\|^2}\\
&\leqslant\|\boldsymbol{x}_k-\boldsymbol{x}^*\|^2-\gamma(2-\gamma)\sigma^2\alpha_k^4\boldsymbol{d}_k^4\\
&=\|\boldsymbol{x}_k-\boldsymbol{x}^*\|^2-\gamma(2-\gamma)\sigma^2\|\boldsymbol{x}_k-\boldsymbol{z}_k\|^4
\end{aligned}$$

由于 $0<\gamma<2$，得到

$$\gamma(2-\gamma)\sigma^2\|\boldsymbol{x}_k-\boldsymbol{z}_k\|^4\geqslant 0$$

因此，序列 $\{\|\boldsymbol{x}_k-\boldsymbol{x}^*\|\}$ 是下降的，并且序列 $\{\boldsymbol{x}_k\}$ 是有界的。

由于 $\boldsymbol{F}$ 是单调的，借助 Cauchy-Schwarz 不等式和线搜索，有

$$\|\boldsymbol{F}(\boldsymbol{z}_k)\|\|\boldsymbol{x}_k-\boldsymbol{z}_k\|\geqslant\boldsymbol{F}(\boldsymbol{z}_k)^{\mathrm{T}}(\boldsymbol{x}_k-\boldsymbol{z}_k)\geqslant\sigma\alpha_k^2\|\boldsymbol{F}(\boldsymbol{z}_k)\|\|\boldsymbol{d}_k\|^2$$
$$=\sigma\|\boldsymbol{F}(\boldsymbol{z}_k)\|\|\boldsymbol{x}_k-\boldsymbol{z}_k\|^2$$

然后，有 $\sigma\|\boldsymbol{x}_k-\boldsymbol{z}_k\|\leqslant 1$，这就意味着序列 $\{\boldsymbol{z}_k\}$ 是有界的。

另外，结合 $\|\boldsymbol{x}-\boldsymbol{x}^*\|$ 的下降性和式(3.8)，有

$$\gamma(2-\gamma)\sigma^2\|\boldsymbol{x}_k-\boldsymbol{z}_k\|^4\leqslant\|\boldsymbol{x}-\boldsymbol{x}^*\|^2-\|\boldsymbol{x}_{k+1}-\boldsymbol{x}^*\|^2$$

通过叠加 $k=0, 1, 2, \cdots$，有

$$\gamma(2-\gamma)\sigma^2\sum_{i=0}^{\infty}\|\boldsymbol{x}_k-\boldsymbol{z}_k\|^4\leqslant\sum_{i=0}^{\infty}(\|\boldsymbol{x}_k-\boldsymbol{x}^*\|^2-\|\boldsymbol{x}_{k+1}-\boldsymbol{x}^*\|^2)\leqslant\|\boldsymbol{x}_0-\boldsymbol{x}^*\|^2<\infty$$

这就意味着 $\lim\limits_{k\to\infty}\|\boldsymbol{x}_k-\boldsymbol{z}_k\|=0$。

因此，由 $\boldsymbol{z}_k=\boldsymbol{x}_k+\alpha_k\boldsymbol{d}_k$，有 $\lim\limits_{k\to\infty}\alpha_k\|\boldsymbol{d}_k\|=0$。证明完毕。

借助(H_2)，有序列 $\{\boldsymbol{F}_k\}$ 和 $\{\boldsymbol{F}(\boldsymbol{z}_k)\}$ 是有界的，这就意味着 $\|\boldsymbol{F}(\boldsymbol{x}_k+\rho^{-1}\alpha_k\boldsymbol{d}_k)\|$ 和序列 $\{\boldsymbol{d}_k\}$ 是有界的。于是，令

$$\|\boldsymbol{F}(\boldsymbol{x}_k+\rho^{-1}\alpha_k\boldsymbol{d}_k)\|\leqslant M$$

其中 $M>0$ 是一个常数。

引理 3.3 假设(H_1)和(H_2)成立，序列$\{\boldsymbol{x}_k\}$由算法 3.1 产生，则

$$\alpha_k \geqslant \rho \min\left\{1, \frac{\|\boldsymbol{F}_k\|^2}{(L+M\sigma)\|\boldsymbol{d}_k\|^2}\right\}$$

证明 由线搜索可知，如果 $\alpha_k \neq \rho$，则 $\rho^{-1}\alpha_k$ 不满足线搜索。则可得到

$$-\boldsymbol{F}(\boldsymbol{x}_k+\rho^{-1}\alpha_k\boldsymbol{d}_k)^{\mathrm{T}}\boldsymbol{d}_k<\sigma\rho^{-1}\alpha_k\|\boldsymbol{F}(\boldsymbol{x}_k+\rho^{-1}\alpha_k\boldsymbol{d}_k)\|\|\boldsymbol{d}_k\|^2 \tag{3.9}$$

结合(H_2)和式(3.8)，有

$$\begin{aligned}\|\boldsymbol{F}(\boldsymbol{x}_k)\|^2&=-\boldsymbol{F}(\boldsymbol{x}_k)^{\mathrm{T}}\boldsymbol{d}_k\\&=\boldsymbol{F}(\boldsymbol{x}_k+\rho^{-1}\alpha_k\boldsymbol{d}_k)^{\mathrm{T}}\boldsymbol{d}_k-\boldsymbol{F}(\boldsymbol{x}_k)^{\mathrm{T}}\boldsymbol{d}_k-\boldsymbol{F}(\boldsymbol{x}_k+\rho^{-1}\alpha_k\boldsymbol{d}_k)^{\mathrm{T}}\boldsymbol{d}_k\\&\leqslant L\rho^{-1}\alpha_k\|\boldsymbol{d}_k\|^2+\sigma\rho^{-1}\alpha_k M\|\boldsymbol{d}_k\|^2\end{aligned}$$

这就意味着

$$\alpha_k \geqslant \rho \min\left\{1, \frac{\|\boldsymbol{F}_k\|^2}{(L+M\sigma)\|\boldsymbol{d}_k\|^2}\right\}$$

定理 3.1 假设(H_1)和(H_2)成立，序列$\{\boldsymbol{x}_k\}$由算法 3.1 产生，则

$$\lim_{k\to\infty}\|\boldsymbol{F}_k\|=0。$$

证明 如果结论不正确，则存在一个常数 $\varepsilon>0$ 使得

$$\|\boldsymbol{F}_k\|\geqslant\varepsilon,\ \forall k\geqslant 0 \tag{3.10}$$

结合式(3.6)和式(3.10)，有

$$\|\boldsymbol{d}_k\|\geqslant\|\boldsymbol{F}_k\|\geqslant\varepsilon,\ \forall k\geqslant 0$$

借助引理 3.2，可知

$$\lim_{k\to\infty}\alpha_k=0$$

这与引理 3.3 矛盾，定理得证。

3.4 R 阶线性收敛

这一节主要讨论算法 3.1 的 R 阶线性收敛。从定理 3.1 可知，序列$\{\boldsymbol{x}_k\}$收敛到方程组的解。因此，总假设$\lim\limits_{k\to\infty}\boldsymbol{x}_k=\bar{\boldsymbol{x}}$，$\bar{\boldsymbol{x}}\in\Omega^*$。

定理 3.2 假设(H_1)-(H_3)成立，并且序列$\{\boldsymbol{x}_k\}$是由算法 3.1 产生，则序列$\{\mathrm{dist}(\boldsymbol{x},\Omega^*)\}$是 Q-线性收敛到 0，从而序列$\{\boldsymbol{x}_k\}$是 R 阶线性收敛到$\bar{\boldsymbol{x}}$。

证明 设

$$\boldsymbol{v}_k=\arg\min\{\|\boldsymbol{x}_k-\boldsymbol{v}\|:\boldsymbol{v}\in\Omega^*\}，即\|\boldsymbol{x}_k-\boldsymbol{v}\|=\mathrm{dist}(\boldsymbol{x}_k,\Omega^*)$$

从引理 3.2 的证明可知

$$\|\boldsymbol{x}_{k+1}-\boldsymbol{x}^*\|\leqslant\|\boldsymbol{x}_k-\boldsymbol{x}^*\|^2-\gamma(2-\gamma)\frac{[(\boldsymbol{x}_k-z_k)^{\mathrm{T}}\boldsymbol{F}(z_k)]^2}{\|\boldsymbol{F}(z_k)\|^2} \tag{3.11}$$

由于 $\boldsymbol{\nu}_k \in \Omega^*$，式(3.6)、$(H_3)$ 和式(3.11)，不难得到

$$\begin{aligned}\operatorname{dist}(\boldsymbol{x}_{k+1}, \Omega^*)^2 &\leqslant \|\boldsymbol{x}_{k+1}-\boldsymbol{\nu}_k\|^2 \\ &\leqslant \|\boldsymbol{x}_k-\boldsymbol{\nu}_k\|^2-\gamma(\gamma-2)\frac{[(\boldsymbol{x}_k-\boldsymbol{z}_k)^{\mathrm{T}}\boldsymbol{F}(\boldsymbol{z}_k)]^2}{\|\boldsymbol{F}(\boldsymbol{z}_k)\|^2} \\ &=\operatorname{dist}(\boldsymbol{x}_k, \Omega^*)^2-\gamma(\gamma-2)\frac{[(\boldsymbol{x}_k-\boldsymbol{z}_k)^{\mathrm{T}}\boldsymbol{F}(\boldsymbol{z}_k)]^2}{\|\boldsymbol{F}(\boldsymbol{z}_k)\|^2} \\ &=\operatorname{dist}(\boldsymbol{x}_k, \Omega^*)^2-\gamma(\gamma-2)c\alpha_k^2\|\boldsymbol{d}_k\|^2 \\ &\leqslant \operatorname{dist}(\boldsymbol{x}_k, \Omega^*)^2-\gamma(\gamma-2)c\alpha_k^2\|\boldsymbol{F}_k\|^2 \\ &\leqslant \operatorname{dist}(\boldsymbol{x}_k, \Omega^*)^2-\gamma(\gamma-2)c\mu^2\alpha_k^2\operatorname{dist}(\boldsymbol{x}_k, \Omega^*)^2 \\ &=[1-\gamma(2-\gamma)c\mu^2\alpha_k^2]\operatorname{dist}(\boldsymbol{x}_k, \Omega^*)^2\end{aligned}$$

其中 $c=\cos^2\angle(\boldsymbol{F}(\boldsymbol{z}_k), \boldsymbol{x}_k-\boldsymbol{z}_k)$。

由于 $\gamma(2-\gamma)\in(0, 1)$，$\mu\in(0, 1)$，$c\in(0, 1)$ 和 $\alpha_k\in(0, 1)$，可得 $[1-\gamma(2-\gamma)c\mu^2\alpha_k^2]\in(0, 1)$。因此，序列 $\{\operatorname{dist}(\boldsymbol{x}_k, \Omega^*)\}$ 是 Q-线性收敛到 0，所以，序列 $\{\boldsymbol{x}_k\}$ 是 R 阶线性收敛到 $\bar{\boldsymbol{x}}$。命题得证。

3.5 数值实验

在这一部分中，递呈数值实验结果显示算法 3.1 求解大规模非线性方程组的有效性。将在相同的线搜索下，比较所提算法与 SATCGM 算法[54] 和 HZ 算法[86] 的性能。这两种算法在 Matlab R2010a 上编译，并在计算机上运行。要求计算机具有 2.30 GHz CPU 处理器和 2.00 GB 内存。这两种算法的参数同时选择为：$\rho=\dfrac{2}{5}$，$\gamma=1$，$\sigma=10^{-4}$。设置这两种算法的终止条件为 $\|\boldsymbol{F}_k\|\leqslant 10^{-5}$ 或者 $\|\boldsymbol{F}(\boldsymbol{z}_k)\|\leqslant 10^{-5}$。

测试函数选择如下：

测试函数 3.1：这个测试函数是文献[117]函数的改进，映射 $\boldsymbol{F}$ 表述为 $\boldsymbol{F}(\boldsymbol{x})=[f_1(\boldsymbol{x}), f_2(\boldsymbol{x}), \cdots, f_n(\boldsymbol{x})]^{\mathrm{T}}$，$\boldsymbol{F}(\boldsymbol{x})$：$\mathbf{R}_+^n\to\mathbf{R}^n$ 且

$$f_i(\boldsymbol{x})=(\exp\boldsymbol{x}_i)^2+3\sin\boldsymbol{x}_i\cos\boldsymbol{x}_i-1,\ i=1, 2, 3, \cdots, n$$

测试函数 3.2：这个测试函数是文献[129]函数的改进，映射 $\boldsymbol{F}$ 表述为 $\boldsymbol{F}(\boldsymbol{x})=[f_1(\boldsymbol{x}), f_2(\boldsymbol{x}), \cdots, f_n(\boldsymbol{x})]^{\mathrm{T}}$，$\boldsymbol{F}(\boldsymbol{x})$：$\Omega\to\mathbf{R}^n$ 且

$$f_i(\boldsymbol{x})=\boldsymbol{x}_i-\sin(|\boldsymbol{x}_i|-1),\ i=1, 2, 3, \cdots, n$$

$\Omega=\{\boldsymbol{x}\in\mathbf{R}^n: \sum_{i=1}^{n}\boldsymbol{x}_i\leqslant n, \boldsymbol{x}_i\geqslant 1, i=1, 2, \cdots, n\}$。

测试函数 3.3：这个测试函数是文献[130]函数的改进，映射 $\boldsymbol{F}$ 表述为

$\boldsymbol{F}(\boldsymbol{x})=[f_1(\boldsymbol{x}), f_2(\boldsymbol{x}), \cdots, f_n(\boldsymbol{x})]^{\mathrm{T}}$，$\boldsymbol{F}(\boldsymbol{x}): \mathbf{R}_+^n \rightarrow \mathbf{R}^n$ 且

$$f_1(\boldsymbol{x})=\boldsymbol{x}_1-\exp\left(\cos\frac{\boldsymbol{x}_1+\boldsymbol{x}_2}{2}\right)$$

$$f_i(\boldsymbol{x})=\boldsymbol{x}_i-\exp\left(\cos\frac{\boldsymbol{x}_{i-1}+\boldsymbol{x}_i+\boldsymbol{x}_{i+1}}{i}\right), \ i=2, 3, \cdots, n-1$$

$$f_n(\boldsymbol{x})=\boldsymbol{x}_n-\exp\left(\cos\frac{\boldsymbol{x}_{n-1}+\boldsymbol{x}_n}{n}\right)$$

测试函数 3.4：这个测试函数是文献[110]函数的改进，映射 $\boldsymbol{F}$ 表述为 $\boldsymbol{F}(\boldsymbol{x})=[f_1(\boldsymbol{x}), f_2(\boldsymbol{x}), \cdots, f_n(\boldsymbol{x})]^{\mathrm{T}}$，$\boldsymbol{F}(\boldsymbol{x}): \mathbf{R}_+^n \rightarrow \mathbf{R}^n$ 且

$$f_1(\boldsymbol{x})=2\boldsymbol{x}_1+\sin\boldsymbol{x}_1-1$$

$$f_i(\boldsymbol{x})=2\boldsymbol{x}_{i-1}+2\boldsymbol{x}_i+\sin\boldsymbol{x}_i-1, \ i=2, 3, \cdots, n-1$$

$$f_n(\boldsymbol{x})=2\boldsymbol{x}_n+\sin(\boldsymbol{x}_n)-1$$

针对这三种算法，采用维数增长和不同的初始点的方法来测试函数 3.1 和 3.2。针对表 3.1，初始点在(0, 1)区间随机产生，具体数值实验结果也陈列其中。针对表 3.2，初始点固定为 $\boldsymbol{x}_0=\left[0, \frac{1}{n}, \frac{2}{n}, \cdots, \frac{n-1}{n}\right]^{\mathrm{T}}$，具体的数值实验结果也陈列其中。

测试函数 3.3 被分成两个部分。第一部分，维数被固定为 1000。初始点选择为：

$$\boldsymbol{x}_1=\left[\frac{1}{2}, \frac{1}{2}, \cdots, \frac{1}{2}\right]^{\mathrm{T}}$$

$$\boldsymbol{x}_2=[1, 1, \cdots, 1]^{\mathrm{T}}$$

$$\boldsymbol{x}_3=\left[\frac{1}{3}, \frac{1}{3}, \cdots, \frac{1}{3}\right]^{\mathrm{T}}$$

$$\boldsymbol{x}_4=\left[0, \frac{1}{\mathrm{n}}, \cdots, \frac{n-1}{n}\right]^{\mathrm{T}}$$

$$\boldsymbol{x}_5=\left[\frac{1}{n}, \frac{2}{n}, \cdots, 1\right]^{\mathrm{T}}$$

$$\boldsymbol{x}_6=\left[\frac{1}{7}, \frac{1}{7^2}, \cdots, \frac{1}{7^n}\right]^{\mathrm{T}}$$

$$\boldsymbol{x}_7=\left[\frac{n-1}{n}, \frac{n-2}{n}, \cdots, \frac{1}{n}, 0\right]^{\mathrm{T}}$$

$$\boldsymbol{x}_8=\left[\frac{1}{5}, \frac{1}{5^2}, \cdots, \frac{1}{5^n}\right]^{\mathrm{T}}$$

$$x_9=[2,\ 2,\ \cdots,\ 2]^{\mathrm{T}}$$

$$x_{10}=\left[1-\frac{1}{5},\ 1-\frac{1}{5^2},\ \cdots,\ 1-\frac{1}{5^n}\right]^{\mathrm{T}}$$

数值实验的结果放在表 3.3 中。

第二部分，随着维数的增长，初始点为：

$$x_1=\left[\frac{1}{2},\ \frac{1}{2},\ \cdots,\ \frac{1}{2}\right]^{\mathrm{T}}$$

$$x_2=\left[\frac{1}{2},\ \frac{1}{2^2},\ \cdots,\ \frac{1}{2^n}\right]^{\mathrm{T}}$$

$$x_3=\left[0,\ \frac{1}{n},\ \cdots,\ \frac{n-1}{n}\right]^{\mathrm{T}}$$

$$x_4=\left[\frac{n-1}{n},\ \frac{n-2}{n},\ \cdots,\ \frac{1}{n},\ 0\right]^{\mathrm{T}}$$

具体的数值实验结果放在表 3.4 中。

针对测试函数 3.4，在固定的初始点下，比较了三种算法数值实验结果。其中，SATCGM 和算法 3.1 的数值实验结果放在表 3.5 中。HZ 算法和算法 3.1 的数值实验结果放在表 3.6 中。具体的初始点为：

$$x_1=\left[\frac{1}{2},\ \frac{1}{2},\ \cdots,\ \frac{1}{2}\right]^{\mathrm{T}}$$

$$x_2=(1,\ 1,\ \cdots,\ 1)^{\mathrm{T}}$$

$$x_3=\left[\frac{1}{3},\ \frac{1}{3},\ \cdots,\ \frac{1}{3}\right]^{\mathrm{T}}$$

$$x_4=\left[0,\ \frac{1}{n},\ \cdots,\ \frac{n-1}{n}\right]^{\mathrm{T}}$$

$$x_5=\left[\frac{n-1}{n},\ \frac{n-2}{n},\ \cdots,\ \frac{1}{n},\ 0\right]^{\mathrm{T}}$$

$$x_6=\left[\frac{1}{2},\ \frac{1}{2^2},\ \cdots,\ \frac{1}{2^n}\right]^{\mathrm{T}}$$

表中“Dim”表示初始点的维数，“NI”表示算法的迭代次数，“NF”表示函数值的迭代次数，“FV”表示 $\|F_k\|$ 的最终值，“CPU”表示运行时间。

表 3.1　针对测试函数 3.1 和 3.2 具有随机初始点的三种算法的数值实验结果

测试函数	Dim	SATCGM 算法				算法 3.1			
		NI	NF	CPU	FV	NI	NF	CPU	FV
3.1	300	22	69	0.02	3.41×10^{-6}	12	38	0.07	5.55×10^{-6}
	500	23	75	0.03	2.31×10^{-6}	12	38	0.07	4.83×10^{-6}
	1000	24	78	0.05	2.96×10^{-6}	12	38	0.08	6.22×10^{-6}
	5000	29	93	0.31	5.09×10^{-6}	13	41	0.14	3.32×10^{-6}
	8000	28	92	0.38	8.57×10^{-6}	13	41	0.19	3.77×10^{-6}
	10000	29	96	0.56	5.09×10^{-6}	13	41	0.22	4.31×10^{-6}
	12000	31	102	0.68	2.33×10^{-6}	13	41	0.24	4.93×10^{-6}
	20000	31	102	1.09	7.41×10^{-6}	13	41	0.38	6.35×10^{-6}
	30000	32	105	1.63	3.93×10^{-6}	13	41	0.53	7.76×10^{-6}
	50000	34	112	2.28	4.29×10^{-6}	13	41	0.71	9.95×10^{-6}
	80000	36	116	4.72	9.62×10^{-6}	14	44	1.50	2.47×10^{-6}
	100000	38	124	6.16	3.88×10^{-6}	14	44	1.82	2.78×10^{-6}
	300000	37	121	18.00	4.13×10^{-6}	14	44	4.94	4.79×10^{-6}
	500000	41	134	27.69	2.92×10^{-6}	14	44	8.86	6.16×10^{-6}

测试函数	Dim	HZ 算法				算法 3.1			
		NI	NF	CPU	FV	NI	NF	CPU	FV
3.2	500	19	55	0.15	5.44×10^{-6}	18	32	0.06	2.81×10^{-6}
	1000	19	55	0.08	7.46×10^{-6}	18	32	0.06	4.39×10^{-6}
	3000	20	58	0.09	6.41×10^{-6}	18	32	0.07	7.02×10^{-6}
	5000	20	58	0.11	7.84×10^{-6}	18	33	0.08	2.54×10^{-6}
	8000	21	61	0.14	4.36×10^{-6}	18	33	0.10	3.11×10^{-6}
	10000	21	61	0.15	4.37×10^{-6}	18	33	0.11	3.32×10^{-6}
	20000	21	61	0.21	6.29×10^{-6}	17	32	0.13	4.95×10^{-6}
	30000	21	61	0.28	8.42×10^{-6}	17	32	0.17	5.99×10^{-6}
	50000	22	64	0.37	4.16×10^{-6}	17	32	0.24	7.63×10^{-6}
	80000	22	64	0.94	5.32×10^{-6}	17	33	0.42	2.53×10^{-6}
	100000	22	64	1.22	5.90×10^{-6}	17	33	0.59	2.84×10^{-6}
	150000	22	64	1.63	7.31×10^{-6}	17	33	0.85	3.47×10^{-6}
	200000	22	64	1.93	8.41×10^{-6}	17	33	1.12	4.01×10^{-6}

表 3.2　针对测试函数 3.1 和 3.2 具有固定初始点的三种算法的数值实验结果

测试函数	Dim	SATCGM 算法				算法 3.1			
		NI	NF	CPU	FV	NI	NF	CPU	FV
3.1	300	23	75	0.09	7.72×10^{-6}	12	38	0.08	3.53×10^{-6}
	1000	24	79	0.12	9.54×10^{-6}	12	38	0.10	6.76×10^{-6}
	3000	31	101	0.25	2.90×10^{-6}	13	41	0.15	2.37×10^{-6}
	5000	32	101	0.40	4.88×10^{-6}	13	41	0.23	3.07×10^{-6}
	8000	31	99	0.56	6.04×10^{-6}	13	41	0.38	3.89×10^{-6}
	10000	32	105	0.79	7.69×10^{-6}	13	41	0.46	4.35×10^{-6}
	12000	31	102	0.88	2.70×10^{-6}	13	41	0.65	4.77×10^{-6}
	30000	36	115	3.64	5.94×10^{-6}	13	41	2.50	7.55×10^{-6}
	50000	38	122	7.04	9.29×10^{-6}	13	41	6.87	9.74×10^{-6}
	80000	38	122	16.66	3.31×10^{-6}	14	44	14.62	2.47×10^{-6}
	100000	38	125	24.80	5.78×10^{-6}	14	44	23.85	2.76×10^{-6}
	120000	37	122	30.98	2.56×10^{-6}	14	44	30.88	3.10×10^{-6}
测试函数	Dim	HZ 算法				算法 3.1			
		NI	NF	CPU	FV	NI	NF	CPU	FV
3.2	100	20	57	0.07	4.01×10^{-6}	15	28	0.05	5.30×10^{-6}
	500	21	60	0.07	4.76×10^{-6}	17	31	0.06	3.13×10^{-6}
	1000	22	62	0.08	6.94×10^{-6}	17	31	0.06	4.40×10^{-6}
	3000	22	63	0.11	4.58×10^{-6}	17	31	0.07	7.06×10^{-6}
	6000	22	63	0.13	6.75×10^{-6}	18	33	0.08	2.66×10^{-6}
	10000	22	63	0.17	8.46×10^{-6}	18	33	0.10	3.39×10^{-6}
	15000	23	66	0.21	4.23×10^{-6}	18	33	0.13	4.14×10^{-6}
	20000	23	66	0.22	4.82×10^{-6}	18	33	0.13	4.77×10^{-6}
	30000	23	66	0.30	5.93×10^{-6}	18	33	0.17	5.85×10^{-6}
	80000	23	66	0.77	9.56×10^{-6}	18	33	0.47	9.44×10^{-6}
	100000	24	69	1.12	4.32×10^{-6}	19	35	0.65	2.65×10^{-6}
	500000	24	69	5.13	9.64×10^{-6}	19	35	2.83	5.96×10^{-6}

表 3.3 针对测试函数 3.3 不同初始点的两种算法的数值实验结果

初始点	SATCGM 算法				算法 3.1			
	NI	NF	CPU	FV	NI	NF	CPU	FV
$\boldsymbol{X}_1$	38	77	0.15	3.71×10^{-6}	24	49	0.05	3.15×10^{-6}
$\boldsymbol{X}_2$	37	75	0.14	5.30×10^{-6}	21	43	0.09	8.56×10^{-6}
$\boldsymbol{X}_3$	38	77	0.14	8.57×10^{-6}	24	49	0.10	2.64×10^{-6}
$\boldsymbol{X}_4$	38	77	0.15	4.01×10^{-6}	24	49	0.10	7.91×10^{-6}
$\boldsymbol{X}_5$	37	75	0.15	8.68×10^{-6}	24	49	0.10	1.95×10^{-6}
$\boldsymbol{X}_6$	36	73	0.15	8.07×10^{-6}	24	49	0.10	3.85×10^{-6}
$\boldsymbol{X}_7$	37	75	0.15	9.08×10^{-6}	22	45	0.10	5.14×10^{-6}
$\boldsymbol{X}_8$	36	73	0.15	8.43×10^{-6}	24	49	0.13	5.98×10^{-6}
$\boldsymbol{X}_9$	23	47	0.12	8.24×10^{-6}	21	43	0.10	9.42×10^{-6}
$\boldsymbol{X}_{10}$	36	73	0.15	7.36×10^{-6}	22	45	0.10	1.38×10^{-6}

表 3.4 针对测试函数 3.3 两种算法的数值实验结果

初始点	Dim	HZ 算法				算法 3.1			
		NI	NF	CPU	FV	NI	NF	CPU	FV
$\boldsymbol{X}_1$	500	33	96	0.12	8.22×10^{-6}	22	45	0.09	7.31×10^{-6}
	1000	34	99	0.23	8.73×10^{-6}	24	49	0.10	3.15×10^{-6}
	10000	36	104	0.60	8.21×10^{-6}	25	51	0.35	4.55×10^{-6}
	50000	37	106	2.41	8.05×10^{-6}	26	53	1.37	4.27×10^{-6}
$\boldsymbol{X}_2$	500	33	96	0.12	9.86×10^{-6}	21	43	0.08	9.67×10^{-6}
	1000	35	102	0.15	6.67×10^{-6}	24	49	0.10	2.16×10^{-6}
	10000	36	104	0.51	7.33×10^{-6}	25	51	0.29	1.97×10^{-6}
	50000	37	106	7.51	8.22×10^{-6}	29	59	4.31	5.73×10^{-6}
$\boldsymbol{X}_3$	500	33	96	0.12	8.42×10^{-6}	23	47	0.09	4.89×10^{-6}
	1000	34	99	0.18	7.66×10^{-6}	24	49	0.11	7.91×10^{-6}
	10000	36	104	0.93	8.65×10^{-6}	26	53	0.56	4.11×10^{-6}
	50000	37	106	7.42	7.68×10^{-6}	26	53	4.54	8.42×10^{-6}
$\boldsymbol{X}_4$	1000	33	96	0.15	9.35×10^{-6}	22	45	0.05	5.14×10^{-6}
	5000	34	98	0.44	9.97×10^{-6}	24	49	0.31	5.64×10^{-6}
	10000	36	104	0.83	6.50×10^{-6}	26	53	0.67	1.33×10^{-6}
	50000	36	103	7.29	7.71×10^{-6}	26	53	6.14	4.17×10^{-6}

表 3.5　针对测试函数 3.4 两种算法的数值实验结果

初始点	Dim	SATCGM 算法				算法 3.1			
		NI	NF	CPU	FV	NI	NF	CPU	FV
$\boldsymbol{X}_1$	50	28	85	0.07	9.47×10^{-6}	17	52	0.06	8.99×10^{-6}
$\boldsymbol{X}_2$		30	91	0.07	7.00×10^{-6}	16	49	0.06	9.88×10^{-6}
$\boldsymbol{X}_3$		29	88	0.08	7.57×10^{-6}	22	67	0.06	7.82×10^{-6}
$\boldsymbol{X}_4$		30	91	0.08	8.86×10^{-6}	24	73	0.07	7.95×10^{-6}
$\boldsymbol{X}_5$		30	91	0.08	6.71×10^{-6}	17	52	0.06	5.79×10^{-6}
$\boldsymbol{X}_6$		28	85	0.08	9.57×10^{-6}	17	52	0.06	7.17×10^{-6}
$\boldsymbol{X}_1$	100	28	85	0.07	7.75×10^{-6}	16	49	0.06	9.03×10^{-6}
$\boldsymbol{X}_2$		29	88	0.08	9.58×10^{-6}	16	49	0.06	7.30×10^{-6}
$\boldsymbol{X}_3$		28	85	0.08	7.52×10^{-6}	19	58	0.06	9.98×10^{-6}
$\boldsymbol{X}_4$		28	85	0.07	9.53×10^{-6}	20	61	0.07	7.80×10^{-6}
$\boldsymbol{X}_5$		29	88	0.10	9.79×10^{-6}	16	49	0.06	6.95×10^{-6}
$\boldsymbol{X}_6$		28	85	0.09	7.94×10^{-6}	16	49	0.06	7.24×10^{-6}
$\boldsymbol{X}_1$	500	27	82	0.09	9.90×10^{-6}	16	49	0.06	5.53×10^{-6}
$\boldsymbol{X}_2$		29	88	0.09	8.52×10^{-6}	16	49	0.07	6.11×10^{-6}
$\boldsymbol{X}_3$		27	82	0.09	7.85×10^{-6}	17	52	0.06	8.07×10^{-6}
$\boldsymbol{X}_4$		27	82	0.09	9.59×10^{-6}	17	52	0.07	7.79×10^{-6}
$\boldsymbol{X}_5$		29	88	0.10	8.46×10^{-6}	16	49	0.07	4.60×10^{-6}
$\boldsymbol{X}_6$		28	85	0.09	6.99×10^{-6}	15	46	0.07	9.63×10^{-6}
$\boldsymbol{X}_1$	1000	27	82	0.10	9.51×10^{-6}	16	49	0.07	5.00×10^{-6}
$\boldsymbol{X}_2$		29	88	0.10	8.33×10^{-6}	16	49	0.07	6.34×10^{-6}
$\boldsymbol{X}_3$		27	82	0.10	7.16×10^{-6}	16	49	0.07	9.81×10^{-6}
$\boldsymbol{X}_4$		27	82	0.11	8.94×10^{-6}	17	52	0.08	5.98×10^{-6}
$\boldsymbol{X}_5$		29	88	0.10	8.14×10^{-6}	16	49	0.08	4.57×10^{-6}
$\boldsymbol{X}_6$		28	85	0.11	6.77×10^{-6}	15	46	0.08	9.40×10^{-6}
$\boldsymbol{X}_1$	5000	27	82	0.16	8.91×10^{-6}	16	49	0.12	4.75×10^{-6}
$\boldsymbol{X}_2$		29	88	0.20	8.01×10^{-6}	16	49	0.12	7.69×10^{-6}
$\boldsymbol{X}_3$		26	79	0.25	9.28×10^{-6}	16	49	0.11	6.26×10^{-6}
$\boldsymbol{X}_4$		27	82	0.22	7.99×10^{-6}	16	49	0.18	7.85×10^{-6}
$\boldsymbol{X}_5$		29	88	0.27	7.78×10^{-6}	16	49	0.19	5.29×10^{-6}
$\boldsymbol{X}_6$		27	82	0.26	9.92×10^{-6}	16	49	0.19	4.54×10^{-6}

表 3.6 针对测试函数 3.4 两种算法的数值实验结果

初始点	Dim	HZ 算法				算法 3.1			
		NI	NF	CPU	FV	NI	NF	CPU	FV
X_1	50	44	339	0.11	8.12×10^{-6}	17	52	0.06	8.99×10^{-6}
X_2		41	273	0.10	9.04×10^{-6}	16	49	0.06	9.88×10^{-6}
X_3		47	320	0.10	8.75×10^{-6}	22	67	0.06	7.82×10^{-6}
X_4		55	502	0.11	8.08×10^{-6}	24	73	0.07	7.95×10^{-6}
X_5		43	316	0.10	7.14×10^{-6}	17	52	0.06	5.79×10^{-6}
X_6		37	223	0.11	9.82×10^{-6}	17	52	0.06	7.17×10^{-6}
X_1	100	38	260	0.10	7.92×10^{-6}	16	49	0.06	9.03×10^{-6}
X_2		38	238	0.12	9.17×10^{-6}	16	49	0.06	7.30×10^{-6}
X_3		44	335	0.10	8.41×10^{-6}	19	58	0.06	9.98×10^{-6}
X_4		50	408	0.11	7.39×10^{-6}	20	61	0.07	7.80×10^{-6}
X_5		42	315	0.10	8.87×10^{-6}	16	49	0.06	6.95×10^{-6}
X_6		39	289	0.10	9.64×10^{-6}	16	49	0.06	7.24×10^{-6}
X_1	500	47	392	0.14	7.71×10^{-6}	16	49	0.06	5.53×10^{-6}
X_2		37	253	0.12	8.92×10^{-6}	16	49	0.07	6.11×10^{-6}
X_3		44	296	0.12	9.56×10^{-6}	17	52	0.06	8.07×10^{-6}
X_4		47	358	0.15	8.63×10^{-6}	17	52	0.07	7.79×10^{-6}
X_5		36	225	0.11	8.80×10^{-6}	16	49	0.07	4.60×10^{-6}
X_6		43	346	0.15	7.62×10^{-6}	15	46	0.07	9.63×10^{-6}
X_1	1000	44	339	0.14	6.04×10^{-6}	16	49	0.07	5.00×10^{-6}
X_2		36	211	0.14	9.93×10^{-6}	16	49	0.07	6.34×10^{-6}
X_3		46	335	0.16	6.40×10^{-6}	16	49	0.07	9.81×10^{-6}
X_4		44	301	0.19	8.25×10^{-6}	17	52	0.08	5.98×10^{-6}
X_5		36	240	0.14	9.09×10^{-6}	16	49	0.08	4.57×10^{-6}
X_6		37	215	0.14	8.04×10^{-6}	15	46	0.08	9.40×10^{-6}
X_1	5000	36	249	0.29	8.41×10^{-6}	16	49	0.12	4.75×10^{-6}
X_2		39	315	0.36	8.96×10^{-6}	16	49	0.12	7.69×10^{-6}
X_3		45	386	0.46	4.50×10^{-6}	16	49	0.11	6.26×10^{-6}
X_4		46	362	0.44	8.31×10^{-6}	16	49	0.18	7.85×10^{-6}
X_5		33	178	0.34	8.99×10^{-6}	16	49	0.19	5.29×10^{-6}
X_6		36	247	0.37	9.12×10^{-6}	16	49	0.19	4.54×10^{-6}

从表 3.1 至表 3.6 可知，算法 3.1 针对给定的测试函数，比 SATCGM 算法和 HZ 算法更有效。

注释 3.3 在本章的结尾，简单讨论下，算法 3.1 中的参数(σ, γ)对收敛的影响。设 $\theta=\gamma(2-\gamma)\sigma^2$，由式(3.6)和式(3.8)，可知

$$\begin{aligned}\|\boldsymbol{x}_{k+1}-\boldsymbol{x}^*\|^2 &\leqslant \|\boldsymbol{x}_k-\boldsymbol{x}^*\|^2-\gamma(2-\gamma)\sigma^2\|\boldsymbol{x}_k-\boldsymbol{z}_k\|^4\\ &=\|\boldsymbol{x}_k-\boldsymbol{x}^*\|^2-\theta\|\boldsymbol{x}_k-\boldsymbol{z}_k\|^4\\ &=\|\boldsymbol{x}_k-\boldsymbol{x}^*\|^2-\theta\alpha_k^4\|\boldsymbol{d}_k\|^4\\ &\leqslant \|\boldsymbol{x}_k-\boldsymbol{x}^*\|^2-\theta\alpha_k^4\|\boldsymbol{F}_k\|^4\end{aligned}$$

这不难看出，$\theta=\gamma(2-\gamma)\sigma^2$ 越大，迭代次数就越少。因此，为了让 $\boldsymbol{x}_k$ 快速地收敛到方程组的解，应该恰当地选择 σ 和 γ，使 θ 尽可能大。

3.6 本章小结

在 LS 法的基础上，本章提出了一种三项无导数投影算法来求解单调非线性方程组。在任何线搜索下，所提的算法都满足充分下降条件。更进一步，本章还在恰当的条件下证明了该算法的全局收敛性和 R 阶线性收敛。数值实验结果显示，算法 3.1 明显优于 SATCGM 算法和 HZ 算法。

4 含有自适应参数的三项投影算法及应用

4.1 引言

在本章中，讨论求解下面的含有凸约束的非线性单调方程组：

$$\boldsymbol{F}(\boldsymbol{x})=\boldsymbol{0},\ \forall \boldsymbol{x}\in\Omega \tag{4.1}$$

其中 Ω 是 $\mathbf{R}^n$ 中的一个非空闭凸集，$\boldsymbol{F}$: $\mathbf{R}^n\rightarrow\mathbf{R}^n$ 是连续的和单调的。单调性意味着

$$\langle \boldsymbol{F}(\boldsymbol{x})-\boldsymbol{F}(\boldsymbol{y}),\ \boldsymbol{x}-\boldsymbol{y}\rangle\geqslant 0,\ \forall x,\ y\in\mathbf{R}^n$$

用来求解式(4.1)的方法有很多种。其中，基于三项共轭梯度法的一些方法是最常用的方法之一。通过结合投影技术，Xiao 和 Zhu[86] 构造了一种快速的三项投影算法来求解式(4.1)，并将这种算法应用到恢复稀疏信号中去，取得了较好的数值实验结果。随后，受文献[86]的启发，Liu 和 Li[90] 提出了一种三项投影算法来求解式(4.1)，并将这种算法应用到恢复稀疏信号中去。Gao 和 He[131] 提出了一种三项投影算法来求解式(4.1)。

上面所提到的算法，其搜索方向并不涉及任何相关矩阵的信息，因此，它们的共轭参数没有自适应性。这就容易导致相关矩阵病态和较差的数值实验结果。

人们提出了许多含有三项自适应参数的共轭梯度法来求解无约束优化问题。它们的自适应参数虽然是通过不同的方法获得的，但是所有的这些方法都与相关矩阵密切相关。Dong 等[92] 提出了一种基于 HS 法的三项自适应共轭梯度法。Andrei[82] 提出了一种基于 HS 法的加速自适应三项共轭梯度法。Yao 和 Ning[57] 提出了一种基于 HS 法的自适应三项共轭梯度法。

到目前为止，因为含有自适应参数的三项共轭梯度法仅仅应用于求解无约束优化问题，所以，在含有自适应参数的三项共轭梯度法的基础上，研究含有自适应参数的三项投影算法来求解式(4.1)是非常有意义的。

本章提出了一种自适应三项投影算法来求解式(4.1)。跟随但是不同于文

献[92]、[82]和[57]，用 LS 方法代替 HS 方法来设计自适应参数。通过极小化相关矩阵和无记忆 BFGS 迭代矩阵之间的距离，得到了一种自适应参数。在 Oren 和 Luenberger[105]及 Oren 和 Spedicato[106]所提出参数的基础上，进一步获得了自适应参数的两种形式。借助投影技术，得到两种自适应投影算法来求解式(4.1)。在恰当的假设条件下，证明了算法的全局收敛性和 R 阶线性收敛。最后，所提算法应用于恢复稀疏信号，并取得了较好的数值实验结果。

4.2 算法

在文献[92]中，Dong 等提出了一种自适应三项共轭梯度法，其搜索方向显示如下：

$$\boldsymbol{d}_{k+1}=-\boldsymbol{g}_{k+1}+\left[\beta_{k+1}^{\mathrm{HS}}-t_k\frac{\|\boldsymbol{y}_k\|^2\boldsymbol{g}_{k+1}^{\mathrm{T}}\boldsymbol{d}_k}{(\boldsymbol{d}_k^{\mathrm{T}}\boldsymbol{y}_k)^2}\right]\boldsymbol{s}_k-\frac{\boldsymbol{g}_{k+1}^{\mathrm{T}}\boldsymbol{d}_k}{\boldsymbol{d}_k^{\mathrm{T}}\boldsymbol{y}_k}\boldsymbol{y}_k$$

其中

$$t_k=\frac{2\sqrt{\alpha_k}}{\alpha_k+1}\text{和 }\alpha_k=\frac{\|\boldsymbol{s}_k\|^2\|\boldsymbol{y}_k\|^2}{(\boldsymbol{s}_k^{\mathrm{T}}\boldsymbol{y}_k)^2}-1$$

Andrei[82]提出了一种自适应三项共轭梯度法，其搜索方向可表示为：

$$\boldsymbol{d}_{k+1}=-\boldsymbol{g}_{k+1}+\left[\frac{1}{\alpha_k}\beta_{k+1}^{\mathrm{HS}}-t_k\frac{\boldsymbol{g}_{k+1}^{\mathrm{T}}\boldsymbol{s}_k}{\boldsymbol{s}_k^{\mathrm{T}}\boldsymbol{y}_k}\right]\boldsymbol{s}_k+\frac{\boldsymbol{g}_{k+1}^{\mathrm{T}}\boldsymbol{s}_k}{\boldsymbol{s}_k^{\mathrm{T}}\boldsymbol{y}_k}\boldsymbol{y}_k$$

其中

$$t_k=\max\left\{\bar{\eta}_k,\ \frac{2\|\boldsymbol{y}_k\|^2}{\boldsymbol{s}_k^{\mathrm{T}}\boldsymbol{y}_k}\right\}$$

$$\bar{\eta}_k=1+\eta_k\left(\frac{\|\boldsymbol{y}_k\|^2}{\boldsymbol{s}_k^{\mathrm{T}}\boldsymbol{y}_k}-\frac{\boldsymbol{s}_k^{\mathrm{T}}\boldsymbol{y}_k}{\|\boldsymbol{s}_k\|^2}\right)+\frac{\boldsymbol{s}_k^{\mathrm{T}}\boldsymbol{y}_k}{\|\boldsymbol{s}_k\|^2}$$

$$\eta_k=1\text{ 或者 }\eta_k=\frac{\|\boldsymbol{s}_k\|^2}{\boldsymbol{s}_k^{\mathrm{T}}\boldsymbol{y}_k}\text{或者 }\eta_k=\frac{\boldsymbol{s}_k^{\mathrm{T}}\boldsymbol{y}_k}{\|\boldsymbol{s}_k\|^2}$$

Yao 和 Ning[57]提出了一种自适应三项共轭梯度法，其搜索方向由下面的公式所计算：

$$\boldsymbol{d}_{k+1}=-\boldsymbol{g}_{k+1}+\beta_{k+1}\boldsymbol{s}_k+t_k\frac{\boldsymbol{g}_{k+1}^{\mathrm{T}}\boldsymbol{s}_k}{\boldsymbol{s}_k^{\mathrm{T}}\boldsymbol{y}_k}\boldsymbol{y}_k$$

其中

$$\beta_{k+1}=\max\{\bar{\beta}_{k+1},\ 0\}$$

$$\bar{\beta}_{k+1}=\frac{1}{\alpha_k}\left(t_k\beta_{k+1}^{\mathrm{HS}}-\frac{\boldsymbol{g}_{k+1}^{\mathrm{T}}\boldsymbol{s}_k}{\boldsymbol{d}_k^{\mathrm{T}}\boldsymbol{y}_k}\right)$$

$$t_k=\min\left\{\frac{1}{1+\alpha_k},\ \frac{\boldsymbol{s}_k^{\mathrm{T}}\boldsymbol{y}_k}{\|\boldsymbol{y}_k\|^2}\right\}$$

$$\alpha_k=\frac{\|\boldsymbol{s}_k\|^2\|\boldsymbol{y}_k\|^2}{(\boldsymbol{s}_k^{\mathrm{T}}\boldsymbol{y}_k)^2}$$

从上面的文献可知，β_{k+1}是通过$\beta_{k+1}^{\mathrm{HS}}$构造的。与它们不同的是，本章构造的$\beta_{k+1}$是在$\beta_{k+1}^{\mathrm{LS}}$的基础上构造的，其构造形式如下：

$$\beta_{k+1}=\beta_{k+1}^{\mathrm{LS}}+t_k\frac{\boldsymbol{g}_{k+1}^{\mathrm{T}}\boldsymbol{s}_k}{\boldsymbol{g}_k^{\mathrm{T}}\boldsymbol{d}_k}\tag{4.2}$$

其中 $t_k>0$ 是一种自适应参数。

借助式(4.2)，提出了如下的搜索方向：

$$\boldsymbol{d}_{k+1}=\frac{\boldsymbol{s}_k^{\mathrm{T}}\boldsymbol{y}_k}{\boldsymbol{g}_k^{\mathrm{T}}\boldsymbol{d}_k}\boldsymbol{g}_{k+1}+\left(\frac{\boldsymbol{g}_{k+1}^{\mathrm{T}}\boldsymbol{y}_k}{\boldsymbol{g}_k^{\mathrm{T}}\boldsymbol{d}_k}+t_k\frac{\boldsymbol{g}_{k+1}^{\mathrm{T}}\boldsymbol{s}_k}{\boldsymbol{g}_k^{\mathrm{T}}\boldsymbol{d}_k}\right)\boldsymbol{s}_k-\frac{\boldsymbol{g}_{k+1}^{\mathrm{T}}\boldsymbol{s}_k}{\boldsymbol{g}_k^{\mathrm{T}}\boldsymbol{d}_k}\boldsymbol{y}_k\tag{4.3}$$

在共轭梯度法中，下降性质是一个非常重要的因素。因此，下面将要验证在强 Wolfe 线搜索条件下，本章的方法满足下降条件。

事实上，假设 $\boldsymbol{g}_k^{\mathrm{T}}\boldsymbol{d}_k<0$，用 $\boldsymbol{g}_{k+1}^{\mathrm{T}}$乘以式(4.3)，得到

$$\begin{aligned}\boldsymbol{g}_{k+1}^{\mathrm{T}}\boldsymbol{d}_{k+1}&=\boldsymbol{g}_{k+1}^{\mathrm{T}}\left[\frac{\boldsymbol{s}_k^{\mathrm{T}}\boldsymbol{y}_k}{\boldsymbol{g}_k^{\mathrm{T}}\boldsymbol{d}_k}\boldsymbol{g}_{k+1}+\left(\frac{\boldsymbol{g}_{k+1}^{\mathrm{T}}\boldsymbol{y}_k}{\boldsymbol{g}_k^{\mathrm{T}}\boldsymbol{d}_k}+t_k\frac{\boldsymbol{g}_{k+1}^{\mathrm{T}}\boldsymbol{s}_k}{\boldsymbol{g}_k^{\mathrm{T}}\boldsymbol{d}_k}\right)\boldsymbol{s}_k-\frac{\boldsymbol{g}_{k+1}^{\mathrm{T}}\boldsymbol{s}_k}{\boldsymbol{g}_k^{\mathrm{T}}\boldsymbol{d}_k}\boldsymbol{y}_k\right]\\&=\frac{\boldsymbol{s}_k^{\mathrm{T}}\boldsymbol{y}_k}{\boldsymbol{g}_k^{\mathrm{T}}\boldsymbol{d}_k}\|\boldsymbol{g}_{k+1}\|^2+t_k\frac{(\boldsymbol{g}_{k+1}^{\mathrm{T}}\boldsymbol{s}_k)^2}{\boldsymbol{g}_k^{\mathrm{T}}\boldsymbol{d}_k}\\&\leqslant-\left(-\frac{\boldsymbol{s}_k^{\mathrm{T}}\boldsymbol{y}_k}{\boldsymbol{g}_k^{\mathrm{T}}\boldsymbol{d}_k}\|\boldsymbol{g}_{k+1}\|^2\right)<0\end{aligned}$$

这就暗示了搜索方向式(4.3)满足下降条件。

下面讨论如何构造在搜索方向式(4.3)中的自适应参数 t_k。

搜索方向式(4.3)能转化成下面的形式：

$$\begin{aligned}\boldsymbol{d}_{k+1}&=\frac{\boldsymbol{s}_k^{\mathrm{T}}\boldsymbol{y}_k}{\boldsymbol{g}_k^{\mathrm{T}}\boldsymbol{d}_k}\boldsymbol{g}_{k+1}+\left(\frac{\boldsymbol{g}_{k+1}^{\mathrm{T}}\boldsymbol{y}_k}{\boldsymbol{g}_k^{\mathrm{T}}\boldsymbol{d}_k}+t_k\frac{\boldsymbol{g}_{k+1}^{\mathrm{T}}\boldsymbol{s}_k}{\boldsymbol{g}_k^{\mathrm{T}}\boldsymbol{d}_k}\right)\boldsymbol{s}_k-\frac{\boldsymbol{g}_{k+1}^{\mathrm{T}}\boldsymbol{s}_k}{\boldsymbol{g}_k^{\mathrm{T}}\boldsymbol{d}_k}\boldsymbol{y}_k\\&=\frac{\boldsymbol{s}_k^{\mathrm{T}}\boldsymbol{y}_k}{\boldsymbol{g}_k^{\mathrm{T}}\boldsymbol{d}_k}\boldsymbol{g}_{k+1}+\left(\frac{\boldsymbol{s}_k\boldsymbol{y}_k^{\mathrm{T}}}{\boldsymbol{g}_k^{\mathrm{T}}\boldsymbol{d}_k}-\frac{\boldsymbol{y}_k\boldsymbol{s}_k^{\mathrm{T}}}{\boldsymbol{g}_k^{\mathrm{T}}\boldsymbol{d}_k}\right)\boldsymbol{g}_{k+1}+t_k\frac{\boldsymbol{s}_k\boldsymbol{s}_k^{\mathrm{T}}}{\boldsymbol{g}_k^{\mathrm{T}}\boldsymbol{d}_k}\boldsymbol{g}_{k+1}\\&=-\left(-\frac{\boldsymbol{s}_k^{\mathrm{T}}\boldsymbol{y}_k}{\boldsymbol{g}_k^{\mathrm{T}}\boldsymbol{d}_k}\right)\boldsymbol{Q}_{k+1}\boldsymbol{g}_{k+1}\end{aligned}$$

其中，相关矩阵

$$Q_{k+1}=I+\frac{s_k y_k^{\mathrm{T}}-y_k s_k^{\mathrm{T}}}{s_k^{\mathrm{T}} y_k}+t_k \frac{s_k s_k^{\mathrm{T}}}{s_k^{\mathrm{T}} y_k}$$

受文献[82]的启发，确定 t_k 通过极小化相关矩阵 Q_{k+1} 和无记忆标量化 BFGS 迭代之间的距离来获得。其中 BFGS 迭代形式为：

$$H_{k+1}^{\theta_k}=\theta_k I-\theta_k \frac{s_k y_k^{\mathrm{T}}+y_k s_k^{\mathrm{T}}}{y_k^{\mathrm{T}} s_k}+\left(1+\theta_k \frac{\| y_k \|^2}{y_k^{\mathrm{T}} s_k}\right)\frac{s_k s_k^{\mathrm{T}}}{y_k^{\mathrm{T}} s_k}$$

具体地，t_k 是问题式(4.4)的解：

$$\min_{t\geqslant 0} \| E \|_{\mathrm{F}} \tag{4.4}$$

其中 $E=Q_{k+1}-H_{k+1}^{\theta_k}$，$\|.\|_{\mathrm{F}}$ 是 Frobenius 矩阵范数。由于 $\| E \|_{\mathrm{F}}^2=tr(E^{\mathrm{T}}E)$，问题式(4.4)与问题式(4.5)等价：

$$\min_{t\geqslant 0} t_k^2 \frac{\| s_k \|^4}{(s_k^{\mathrm{T}} y_k)^2}+2t_k \frac{\| s_k \|^2}{s_k^{\mathrm{T}} y_k}\left[1+\theta_k-\left(1+\theta_k \frac{\| y_k \|^2}{s_k^{\mathrm{T}} y_k}\right)\frac{\| s_k \|^2}{s_k^{\mathrm{T}} y_k}\right]+\xi \tag{4.5}$$

其中 ξ 是独立于 t_k 的常数。

这就很容易推导出问题式(4.4)的解为：

$$t_k=1+\theta_k \frac{\| y_k \|^2}{s_k^{\mathrm{T}} y_k}-\theta_k \frac{s_k^{\mathrm{T}} y_k}{\| s_k \|^2}-\frac{s_k^{\mathrm{T}} y_k}{\| s_k \|^2}$$

跟随文献[82]，通过选择 θ_k 为 $\theta_k^a=\frac{\| s_k \|^2}{s_k^{\mathrm{T}} y_k}$ 或 $\theta_k^b=\frac{s_k^{\mathrm{T}} y_k}{\| y_k \|^2}$，得到

$$t_k^a=\frac{\| s_k \|^2 \| y_k \|^2}{s_k^{\mathrm{T}} y_k}-\frac{s_k^{\mathrm{T}} y_k}{\| s_k \|^2}$$

$$t_k^b=2-\frac{(s_k^{\mathrm{T}} y_k)^2}{\| s_k \|^2 \| y_k \|^2}-\frac{s_k^{\mathrm{T}} y_k}{\| s_k \|^2}$$

为了保证 $t_k\geqslant 0$，定义 t_k^a 和 t_k^b 如下：

$$t_k^a=\max\left\{\frac{\| s_{\mathrm{k}} \|^2 \| y_k \|^2}{s_k^{\mathrm{T}} y_k}-\frac{s_k^{\mathrm{T}} y_k}{\| s_k \|^2},\ 0\right\}$$

$$t_k^b=\max\left\{2-\frac{(s_k^{\mathrm{T}} y_k)^2}{\| s_k \|^2 \| y_k \|^2}-\frac{s_k^{\mathrm{T}} y_k}{\| s_k \|^2},\ 0\right\}$$

通过结合本章所提的自适应共轭梯度法和 Solodov 和 Svaiter 提出的投影技术，现在提出投影算法来求解式(4.1)。

结合后面的算法 4.1，重新定义了

$$t_k^a=\max\left\{\frac{\|\boldsymbol{s}_k\|^2\|\bar{\boldsymbol{y}}_k\|^2}{\boldsymbol{s}_k^{\mathrm{T}}\bar{\boldsymbol{y}}_k}-\frac{\boldsymbol{s}_k^{\mathrm{T}}\bar{\boldsymbol{y}}_k}{\|\boldsymbol{s}_k\|^2},\ 0\right\}$$

$$t_k^b=\max\left\{2-\frac{(\boldsymbol{s}_k^{\mathrm{T}}\bar{\boldsymbol{y}}_k)^2}{\|\boldsymbol{s}_k\|^2\|\bar{\boldsymbol{y}}_k\|^2}-\frac{\boldsymbol{s}_k^{\mathrm{T}}\bar{\boldsymbol{y}}_k}{\|\boldsymbol{s}_k\|^2},\ 0\right\}$$

其中 $\boldsymbol{F}_k=\boldsymbol{F}(\boldsymbol{x}_k)$，$\bar{\boldsymbol{y}}_k=\boldsymbol{F}_{k+1}-\boldsymbol{F}_k+r\boldsymbol{s}_k$，$r>0$。

为了证明后面的引理 4.2 和引理 4.5，搜索方向式(4.3)需要变成如下形式：

$$\boldsymbol{d}_{k+1}=\begin{cases}-\boldsymbol{F}_{k+1}, & |\boldsymbol{F}_k^{\mathrm{T}}\boldsymbol{d}_k|>\mu_2\|\boldsymbol{s}_k\|^2 \text{或} |\boldsymbol{F}_k^{\mathrm{T}}\boldsymbol{d}_k|<\mu_1\|\boldsymbol{s}_k\|^2\\ \dfrac{\boldsymbol{s}_k\bar{\boldsymbol{y}}_k}{\boldsymbol{F}_k^{\mathrm{T}}\boldsymbol{d}_k}\boldsymbol{F}_{k+1}+\left(\dfrac{\boldsymbol{F}_{k+1}^{\mathrm{T}}\bar{\boldsymbol{y}}_k}{\boldsymbol{F}_k^{\mathrm{T}}\boldsymbol{d}_k}+t_k\dfrac{\boldsymbol{F}_{k+1}^{\mathrm{T}}\boldsymbol{s}_k}{\boldsymbol{F}_k^{\mathrm{T}}\boldsymbol{d}_k}\right)\boldsymbol{s}_k-\dfrac{\boldsymbol{F}_{k+1}^{\mathrm{T}}\boldsymbol{s}_k}{\boldsymbol{F}_k^{\mathrm{T}}\boldsymbol{d}_k}\bar{\boldsymbol{y}}_k, & \text{其他}\end{cases}\tag{4.6}$$

其中 $t_k=t_k^a$ 或 t_k^b，μ_1 和 μ_2 是正常数。

算法 4.1

步 1：首先给出初始点 $x_0\in\mathbf{R}^n$，$\rho\in(0,1)$，$\sigma\in(0,1)$，$r>0$，$\mu_1>0$，$\mu_2>0$，$k=0$。

步 2：如果 $\|\boldsymbol{F}_k\|=0$，迭代终止，否则，转步 3。

步 3：计算搜索方向 $\boldsymbol{d}_k$：如果 $k=0$，则 $\boldsymbol{d}_k=-\boldsymbol{F}_k$，否则，$\boldsymbol{d}_{k+1}$ 由式(4.6)计算得到。

步 4：计算 $\boldsymbol{z}_k=\boldsymbol{x}_k+\alpha_k\boldsymbol{d}_k$，$\alpha_k=\rho^m$，$m$ 是满足式(4.7)成立的最小的非负整数。

$$-\boldsymbol{F}(\boldsymbol{z}_k)^{\mathrm{T}}\boldsymbol{d}_k\geqslant\sigma\rho^m\|\boldsymbol{d}_k\|^2\tag{4.7}$$

步 5：如果 $\boldsymbol{z}_k\in\Omega^*$，则 $\boldsymbol{x}_{k+1}=\boldsymbol{z}_k$，终止。否则

$$\boldsymbol{x}_{k+1}=\boldsymbol{P}_\Omega\left[\boldsymbol{x}_k-\frac{\boldsymbol{F}(\boldsymbol{z}_k)^{\mathrm{T}}(\boldsymbol{x}_k-\boldsymbol{z}_k)}{\|\boldsymbol{F}(\boldsymbol{z}_k)\|^2}\boldsymbol{F}(\boldsymbol{z}_k)\right]$$

置 $k=k+1$，转第 2 步。

注释 4.1　存在非负的整数 m 满足不等式(4.7)。事实上，如果对任何非负的指标 i，不等式(4.7)都不成立，则

$$-\boldsymbol{F}(\boldsymbol{x}_k+\rho^i)^{\mathrm{T}}\boldsymbol{d}_k<\sigma\rho^i\|\boldsymbol{d}_k\|^2$$

由 $\boldsymbol{F}$ 的连续性，$\rho\in(0,1)$，让 $i\to\infty$，得到

$$-\boldsymbol{F}(\boldsymbol{x}_k)^{\mathrm{T}}\boldsymbol{d}_k\leqslant0\tag{4.8}$$

可是，借助后面的引理 4.2，则有

$$-\boldsymbol{F}(\boldsymbol{x}_k)^{\mathrm{T}}\boldsymbol{d}_k\geqslant c\|\boldsymbol{F}(\boldsymbol{x}_k)\|^2>0$$

这与式(4.8)矛盾。

4.3 全局收敛性

引理 4.1 假设(H_1)和(H_2)成立，$\{\boldsymbol{x}_k\}$和$\{\boldsymbol{z}_k\}$是由算法 4.1 产生的序列，则有

$$r\|\boldsymbol{s}_k\|^2 \leqslant \boldsymbol{s}_k^{\mathrm{T}}\bar{\boldsymbol{y}}_k \leqslant (L+r)\|\boldsymbol{s}_k\|^2,\ \forall k \geqslant 1$$

证明 由 $\boldsymbol{s}_k=\boldsymbol{x}_{k+1}-\boldsymbol{x}_k$ 和 $\bar{\boldsymbol{y}}_k=\boldsymbol{F}_{k+1}-\boldsymbol{F}_k+r\boldsymbol{s}_k$，可得到

$$\boldsymbol{s}_k^{\mathrm{T}}\bar{\boldsymbol{y}}_k=\langle \boldsymbol{F}_{k+1}-\boldsymbol{F}_k,\ \boldsymbol{x}_{k+1}-\boldsymbol{x}_k\rangle+r\|\boldsymbol{s}_k\|^2$$

借助 $\boldsymbol{F}$ 的单调性，可得到

$$\boldsymbol{s}_k^{\mathrm{T}}\bar{\boldsymbol{y}}_k \geqslant r\|\boldsymbol{s}_k\|^2>0,\ \forall k \geqslant 1 \tag{4.9}$$

由假设(H_2)，则得到

$$\boldsymbol{s}_k^{\mathrm{T}}\bar{\boldsymbol{y}}_k=\langle \boldsymbol{F}_{k+1}-\boldsymbol{F}_k,\ \boldsymbol{x}_{k+1}-\boldsymbol{x}_k\rangle+r\|\boldsymbol{s}_k\|^2 \leqslant L\|\boldsymbol{x}_{k+1}-\boldsymbol{x}_k\|^2+r\|\boldsymbol{s}_k\|^2=(L+r)\|\boldsymbol{s}_k\|^2 \tag{4.10}$$

结合式(4.9)和式(4.10)，有

$$r\|\boldsymbol{s}_k\|^2 \leqslant \boldsymbol{s}_k^{\mathrm{T}}\bar{\boldsymbol{y}}_k \leqslant (L+r)\|\boldsymbol{s}_k\|^2,\ \forall k \geqslant 1$$

命题得证。

引理 4.2 假设(H_1)和(H_2)成立，$\{\boldsymbol{x}_k\}$和$\{\boldsymbol{z}_k\}$是由算法 4.1 产生的序列，则有

$$\boldsymbol{F}_{k+1}^{\mathrm{T}}\boldsymbol{d}_{k+1} \leqslant -c\|\boldsymbol{F}_{k+1}\|^2$$

其中，$c=\min\left\{1,\ \dfrac{r}{\mu^2}\right\}>0$。

证明 如果 $\mu_1\|\boldsymbol{s}_k\|^2 \leqslant |\boldsymbol{F}_k^{\mathrm{T}}\boldsymbol{d}_k| \leqslant \mu_2\|\boldsymbol{s}_k\|^2$，有

$$\begin{aligned}
\boldsymbol{F}_{k+1}^{\mathrm{T}}\boldsymbol{d}_{k+1}&=\boldsymbol{F}_{k+1}^{\mathrm{T}}\left[\frac{\boldsymbol{s}_k^{\mathrm{T}}\bar{\boldsymbol{y}}_k}{\boldsymbol{F}_k^{\mathrm{T}}\boldsymbol{d}_k}\boldsymbol{F}_{k+1}+\left(\frac{\boldsymbol{F}_{k+1}^{\mathrm{T}}\bar{\boldsymbol{y}}_k}{\boldsymbol{F}_k^{\mathrm{T}}\boldsymbol{d}_k}+t_k\frac{\boldsymbol{F}_{k+1}^{\mathrm{T}}\boldsymbol{s}_k}{\boldsymbol{F}_k^{\mathrm{T}}\boldsymbol{d}_k}\right)\boldsymbol{s}_k-\frac{\boldsymbol{F}_{k+1}^{\mathrm{T}}\boldsymbol{s}_k}{\boldsymbol{F}_k^{\mathrm{T}}\boldsymbol{d}_k}\bar{\boldsymbol{y}}_k\right]\\
&=\frac{\boldsymbol{s}_k^{\mathrm{T}}\bar{\boldsymbol{y}}_k}{\boldsymbol{F}_k^{\mathrm{T}}\boldsymbol{d}_k}\|\boldsymbol{F}_{k+1}\|^2+\frac{\boldsymbol{F}_{k+1}^{\mathrm{T}}\bar{\boldsymbol{y}}_k\boldsymbol{F}_{k+1}^{\mathrm{T}}\boldsymbol{s}_k}{\boldsymbol{F}_k^{\mathrm{T}}\boldsymbol{d}_k}+t_k\frac{(\boldsymbol{F}_{k+1}^{\mathrm{T}}\boldsymbol{s}_k)^2}{\boldsymbol{F}_k^{\mathrm{T}}\boldsymbol{d}_k}-\frac{\boldsymbol{F}_{k+1}^{\mathrm{T}}\bar{\boldsymbol{y}}_k\boldsymbol{F}_{k+1}^{\mathrm{T}}\boldsymbol{s}_k}{\boldsymbol{F}_k^{\mathrm{T}}\boldsymbol{d}_k}\\
&=\frac{\boldsymbol{s}_k^{\mathrm{T}}\bar{\boldsymbol{y}}_k}{\boldsymbol{F}_k^{\mathrm{T}}\boldsymbol{d}_k}\|\boldsymbol{F}_{k+1}\|^2+t_k\frac{(\boldsymbol{F}_{k+1}^{\mathrm{T}}\boldsymbol{s}_k)^2}{\boldsymbol{F}_k^{\mathrm{T}}\boldsymbol{d}_k}\\
&\leqslant\frac{\boldsymbol{s}_k^{\mathrm{T}}\bar{\boldsymbol{y}}_k}{\boldsymbol{F}_k^{\mathrm{T}}\boldsymbol{d}_k}\|\boldsymbol{F}_{k+1}\|^2\\
&\leqslant-\frac{r}{\mu_2}\|\boldsymbol{F}_{k+1}\|^2
\end{aligned}$$

如果$|\boldsymbol{F}_k^{\mathrm{T}}\boldsymbol{d}_k|>\mu_2\|\boldsymbol{s}_k\|^2$或$|\boldsymbol{F}_k^{\mathrm{T}}\boldsymbol{d}_k|<\mu_1\|\boldsymbol{s}_k\|^2$，这很容易得到：

$$\boldsymbol{F}_{k+1}^{\mathrm{T}}\boldsymbol{d}_{k+1}=-\|\boldsymbol{F}_{k+1}\|^2$$

让$c=\min\left\{1,\ \frac{r}{\mu_2}\right\}$，命题得证。

引理 4.3　假设(H_1)和(H_2)成立，$\{\boldsymbol{x}_k\}$和$\{\boldsymbol{z}_k\}$是由算法 4.1 产生的序列，则有

$$\alpha_k\geqslant\min\left\{1,\ \frac{c\|\boldsymbol{F}_k\|^2}{(L+\sigma)\|\boldsymbol{d}_k\|^2}\right\}$$

证明　由线搜索式(4.7)可知，若$\alpha_k\neq\rho$，则$\rho^{-1}\alpha_k$不满足线搜索(4.7)，则可得

$$-\boldsymbol{F}(\boldsymbol{x}_k+\rho^{-1}\alpha_k\boldsymbol{d}_k)^{\mathrm{T}}\boldsymbol{d}_k<\sigma\rho^{-1}\alpha_k\|\boldsymbol{d}_k\|^2 \tag{4.11}$$

由引理 4.2 和式(4.11)，有

$$\begin{aligned}c\|\boldsymbol{F}_k\|^2&\leqslant-\boldsymbol{F}(\boldsymbol{x}_k)^{\mathrm{T}}\boldsymbol{d}_k\\&=\boldsymbol{F}(\boldsymbol{x}_k+\rho^{-1}\alpha_k\boldsymbol{d}_k)^{\mathrm{T}}\boldsymbol{d}_k-\boldsymbol{F}(\boldsymbol{x}_k)^{\mathrm{T}}\boldsymbol{d}_k-\boldsymbol{F}(\boldsymbol{x}_k+\rho^{-1}\alpha_k\boldsymbol{d}_k)^{\mathrm{T}}\boldsymbol{d}_k\\&\leqslant L\rho^{-1}\alpha_k\|\boldsymbol{d}_k\|^2+\sigma\rho^{-1}\alpha_k\|\boldsymbol{d}_k\|^2\end{aligned}$$

则有

$$\alpha_k\geqslant\min\left\{1,\ \frac{c\|\boldsymbol{F}_k\|^2}{(L+\sigma)\|\boldsymbol{d}_k\|^2}\right\}$$

命题得证。

引理 4.4　假设(H_1)和(H_2)成立，序列$\{\boldsymbol{x}_k\}$和$\{\boldsymbol{z}_k\}$是由算法 4.1 产生。$\forall\boldsymbol{x}^*\in\Omega^*$，则有

$$\|\boldsymbol{x}_{k+1}-\boldsymbol{x}^*\|^2\leqslant\|\boldsymbol{x}_k-\boldsymbol{x}^*\|^2-\|\boldsymbol{x}_{k+1}-\boldsymbol{x}_k\|^2$$

特别地，序列$\{\boldsymbol{x}_k\}$是有界的和$\lim\limits_{k\to\infty}\|\boldsymbol{x}_{k+1}-\boldsymbol{x}_k\|=0$。

更进一步

$$\lim_{k\to\infty}\alpha_k\|\boldsymbol{d}_k\|=0$$

证明　设$\forall\boldsymbol{x}^*\in\Omega^*$，由式(4.7)和引理 1.1，有

$$\|\boldsymbol{x}_{k+1}-\boldsymbol{x}^*\|^2\leqslant\|\boldsymbol{x}_k-\boldsymbol{x}^*\|^2-\|\boldsymbol{x}_{k+1}-\boldsymbol{x}_k\|^2\leqslant\|\boldsymbol{x}_k-\boldsymbol{x}^*\|^2 \tag{4.12}$$

式(4.12)意味着序列$\{\|\boldsymbol{x}_k-\boldsymbol{x}^*\|^2\}$是单调递减的，则可以得到$\{\|\boldsymbol{x}_k-\boldsymbol{x}^*\|^2\}$是收敛的。更进一步，能够得到序列$\{\boldsymbol{x}_k\}$是有界的。

由式(4.12)，可得

$$0\leqslant\|\boldsymbol{x}_{k+1}-\boldsymbol{x}_k\|^2\leqslant\|\boldsymbol{x}_k-\boldsymbol{x}^*\|^2-\|\boldsymbol{x}_{k+1}-\boldsymbol{x}^*\|^2\leqslant\|\boldsymbol{x}_k-\boldsymbol{x}^*\|^2$$

这暗含了$\lim\limits_{k\to\infty}\|\boldsymbol{x}_{k+1}-\boldsymbol{x}_k\|=0$。

由 $\boldsymbol{F}$ 的连续性，可得

$$\|\boldsymbol{x}_{k+1}-\boldsymbol{x}_k\|=\frac{|\boldsymbol{F}(\boldsymbol{z}_k)^{\mathrm{T}}(\boldsymbol{x}_k-\boldsymbol{z}_k)|}{\|\boldsymbol{F}(\boldsymbol{z}_k)\|^2}\|\boldsymbol{F}(\boldsymbol{z}_k)\|$$

$$=\frac{|\alpha_k\boldsymbol{F}(\boldsymbol{z}_k)^{\mathrm{T}}\boldsymbol{d}_k|}{\|\boldsymbol{F}(\boldsymbol{z}_k)\|}\geqslant c_1\alpha_k^2\|\boldsymbol{d}_k\|^2$$

其中 $c_1=\dfrac{\sigma}{M}$，$M=\sup\|\boldsymbol{F}(\boldsymbol{z}_k)\|$，则有$\lim\limits_{k\to\infty}\alpha_k\|\boldsymbol{d}_k\|=0$，命题得证。

引理 4.5 假设(H_1)和(H_2)成立，$\{\boldsymbol{x}_k\}$和$\{\boldsymbol{z}_k\}$是由算法 4.1 产生的序列，则有

$$\|\boldsymbol{d}_k\|\leqslant A\|\boldsymbol{F}_k\|,\ \alpha_k\geqslant B$$

其中

$$A=\max\left\{1,\ \frac{4(L+r)}{\mu_1}+\frac{(L+r)^2}{\mu_1 r^2},\ \frac{4(L+r)}{\mu_1}+\frac{3}{\mu_1}\right\}$$

$$B=\min\left\{1,\ \frac{c\rho}{(L+\sigma)A^2}\right\}$$

证明 由 Cauchy-Schwarz 不等式，则有

$$\|\boldsymbol{s}_{k-1}\|=\|\boldsymbol{x}_k-\boldsymbol{x}_{k-1}\|\leqslant\frac{\|\boldsymbol{F}(\boldsymbol{z}_{k-1})\|\|\boldsymbol{x}_{k-1}-\boldsymbol{z}_{k-1}\|}{\|\boldsymbol{F}(\boldsymbol{z}_{k-1})\|^2}\|\boldsymbol{F}(\boldsymbol{z}_{k-1})\|$$

$$=\|\boldsymbol{x}_{k-1}-\boldsymbol{z}_{k-1}\|=\alpha_{k-1}\|\boldsymbol{d}_{k-1}\|$$

由 $\boldsymbol{y}_{k-1}$的定义，很容易得到：

$$\|\boldsymbol{y}_{k-1}\|\leqslant\|\boldsymbol{F}_k-\boldsymbol{F}_{k-1}\|+r\|\boldsymbol{s}_{k-1}\|\leqslant(L+r)\|\boldsymbol{s}_{k-1}\|\leqslant(L+r)\alpha_{k-1}\|\boldsymbol{d}_{k-1}\|$$

情况 1：在算法 4.1 中，设 $t_k=t_k^a$，如果$\mu_1\|\boldsymbol{s}_k\|^2\leqslant|\boldsymbol{F}_k^{\mathrm{T}}\boldsymbol{d}_k|\leqslant\mu_2\|\boldsymbol{s}_k\|^2$，有

$$\|\boldsymbol{d}_{k+1}\|\leqslant\left|\frac{\boldsymbol{s}_k^{\mathrm{T}}\bar{\boldsymbol{y}}_k}{\boldsymbol{F}_k^{\mathrm{T}}\boldsymbol{d}_k}\right|\|\boldsymbol{F}_{k+1}\|+\left|\frac{\boldsymbol{F}_{k+1}^{\mathrm{T}}\bar{\boldsymbol{y}}_k}{\boldsymbol{F}_k^{\mathrm{T}}\boldsymbol{d}_k}\right|\|\boldsymbol{s}_k\|$$

$$+t_k^a\left|\frac{\boldsymbol{F}_{k+1}^{\mathrm{T}}\boldsymbol{s}_k}{\boldsymbol{F}_k^{\mathrm{T}}\boldsymbol{d}_k}\right|\|\boldsymbol{s}_k\|+\left|\frac{\boldsymbol{F}_{k+1}^{\mathrm{T}}\boldsymbol{s}_k}{\boldsymbol{F}_k^{\mathrm{T}}\boldsymbol{d}_k}\right|\|\bar{\boldsymbol{y}}_k\|$$

$$\leqslant\frac{L+r}{\mu_1}\|\boldsymbol{F}_{k+1}\|+\frac{L+r}{\mu_1}\|\boldsymbol{F}_{k+1}\|$$

$$+\frac{1}{\mu_1}\left(\frac{\|\boldsymbol{s}_k\|^2\|\bar{\boldsymbol{y}}_k\|^2}{(\boldsymbol{s}_k^{\mathrm{T}}\bar{\boldsymbol{y}}_k)^2}+\frac{\boldsymbol{s}_k^{\mathrm{T}}\bar{\boldsymbol{y}}_k}{\|\boldsymbol{s}_k\|^2}\right)\|\boldsymbol{F}_{k+1}\|+\frac{L+r}{\mu_1}\|\boldsymbol{F}_{k+1}\|$$

$$\leqslant\left[\frac{4(L+r)}{\mu_1}+\frac{(L+r)^2}{\mu_1 r^2}\right]\|\boldsymbol{F}_{k+1}\|$$

如果$|\boldsymbol{F}_k^{\mathrm{T}}\boldsymbol{d}_k|>\mu_2\|\boldsymbol{s}_k\|^2$或$|\boldsymbol{F}_k^{\mathrm{T}}\boldsymbol{d}_k|<\mu_1\|\boldsymbol{s}_k\|^2$，由式(4.6)能够直接得到：

$$\|\boldsymbol{d}_{k+1}\|=\|\boldsymbol{F}_{k+1}\|$$

情况 2：在算法 4.1 中，设$t_k=t_k^b$，如果$\mu_1\|\boldsymbol{s}_k\|^2\leqslant|\boldsymbol{F}_k^{\mathrm{T}}\boldsymbol{d}_k|\leqslant\mu_2\|\boldsymbol{s}_k\|^2$，则有

$$\begin{aligned}\|\boldsymbol{d}_{k+1}\|&\leqslant\left|\frac{\boldsymbol{s}_k^{\mathrm{T}}\bar{\boldsymbol{y}}_k}{\boldsymbol{F}_k^{\mathrm{T}}\boldsymbol{d}_k}\right|\|\boldsymbol{F}_{k+1}\|+\left|\frac{\boldsymbol{F}_{k+1}^{\mathrm{T}}\bar{\boldsymbol{y}}_k}{\boldsymbol{F}_k^{\mathrm{T}}\boldsymbol{d}_k}\right|\|\boldsymbol{s}_k\|\\&\quad+t_k^b\left|\frac{\boldsymbol{F}_{k+1}^{\mathrm{T}}\boldsymbol{s}_k}{\boldsymbol{F}_k^{\mathrm{T}}\boldsymbol{d}_k}\right|\|\boldsymbol{s}_k\|+\left|\frac{\boldsymbol{F}_{k+1}^{\mathrm{T}}\boldsymbol{s}_k}{\boldsymbol{F}_k^{\mathrm{T}}\boldsymbol{d}_k}\right|\|\bar{\boldsymbol{y}}_k\|\\&\leqslant\frac{L+r}{\mu_1}\|\boldsymbol{F}_{k+1}\|+\frac{L+r}{\mu_1}\|\boldsymbol{F}_{k+1}\|\\&\quad+\frac{1}{\mu_1}\left(2+\frac{(\boldsymbol{s}_k^{\mathrm{T}}\bar{\boldsymbol{y}}_k)^2}{\|\boldsymbol{s}_k\|^2\|\bar{\boldsymbol{y}}_k\|^2}+\frac{\boldsymbol{s}_k^{\mathrm{T}}\bar{\boldsymbol{y}}_k}{\|\boldsymbol{s}_k\|^2}\right)\|\boldsymbol{F}_{k+1}\|+\frac{L+r}{\mu_1}\|\boldsymbol{F}_{k+1}\|\\&=\left[\frac{4(L+r)}{\mu_1}+\frac{3}{\mu_1}\right]\|\boldsymbol{F}_{k+1}\|\end{aligned}$$

如果$|\boldsymbol{F}_k^{\mathrm{T}}\boldsymbol{d}_k|>\mu_2\|\boldsymbol{s}_k\|^2$或$|\boldsymbol{F}_k^{\mathrm{T}}\boldsymbol{d}_k|<\mu_1\|\boldsymbol{s}_k\|^2$，由式(4.6)能够直接得到：

$$\|\boldsymbol{d}_{k+1}\|=\|\boldsymbol{F}_{k+1}\|$$

证明出第一个不等式。借助这个不等式和引理 4.3，获得第二个不等式。命题得证。

下面的结果显示了算法 4.1 的全局收敛性。

定理 4.1　假设(H_1)和(H_2)成立，$\{\boldsymbol{x}_k\}$和$\{\boldsymbol{z}_k\}$是由算法 4.1 产生的序列，则有

$$\lim_{k\to\infty}\|\boldsymbol{F}_k\|=0$$

证明　如果这个结论是不正确的，则存在一个常数$\varepsilon_0>0$，使得

$$\|\boldsymbol{F}_k\|\geqslant\varepsilon_0,\ \forall k\geqslant 0 \tag{4.13}$$

结合引理 4.2 和 Cauchy-Schwartz 不等式，有

$$\|\boldsymbol{F}_k\|\|\boldsymbol{d}_k\|\geqslant|\boldsymbol{F}_k^{\mathrm{T}}\boldsymbol{d}_k|\geqslant c\|\boldsymbol{F}_k\|^2$$

结合式(4.13)，则有

$$\|\boldsymbol{d}_k\|\geqslant c\|\boldsymbol{F}_k\|\geqslant c\varepsilon_0,\ \forall k\geqslant 0$$

由于$\{\boldsymbol{x}_k\}$的有界性和(H_2)，存在一个常数$\xi>0$，使得$\|\boldsymbol{F}_k\|\leqslant\xi$，$\forall k\geqslant 0$。由引理 4.5，有$\|\boldsymbol{d}_k\|\leqslant A\|\boldsymbol{F}_k\|\leqslant A\xi$，$\forall k\geqslant 0$。因此，序列$\{\|\boldsymbol{d}_k\|\}$是有界的。由引理 4.4，可知$\lim\limits_{k\to\infty}\alpha_k=0$，这与引理 4.5 的第二个不等式是矛盾的，命题得证。

4.4 R 阶线性收敛

这一节主要讨论算法 4.1 的 R 阶线性收敛。从定理 4.1 可知，序列 $\{\boldsymbol{x}_k\}$ 收敛到方程组的解。因此，总假设 $\lim\limits_{k\to\infty}\boldsymbol{x}_k=\bar{\boldsymbol{x}}$，$\bar{\boldsymbol{x}}\in\Omega^*$。

定理 4.2 假设 (H_1)–(H_3) 成立，并且序列 $\{\boldsymbol{x}_k\}$ 是由算法 4.1 产生，则序列 $\{\mathrm{dist}(\boldsymbol{x},\ \Omega^*)\}$ 是 Q–线性收敛到 0，所以序列 $\{\boldsymbol{x}_k\}$ 是 R 阶线性收敛到 $\bar{\boldsymbol{x}}$。

证明 设 $\boldsymbol{\nu}_k=\mathrm{argmin}(\|\boldsymbol{x}_k-\boldsymbol{\nu}\|:\boldsymbol{\nu}\in\Omega^*)$，即 $\|\boldsymbol{x}_k-\boldsymbol{\nu}\|=\mathrm{dist}(\boldsymbol{x}_k,\ \Omega^*)$。

借助 $\boldsymbol{F}$ 的单调性，有

$$\langle\boldsymbol{F}(\boldsymbol{z}_k)-\boldsymbol{F}(\boldsymbol{\nu}_k),\ \boldsymbol{z}_k-\boldsymbol{\nu}_k\rangle=\langle\boldsymbol{F}(\boldsymbol{z}_k),\ \boldsymbol{z}_k-\boldsymbol{\nu}_k\rangle\geqslant 0,$$

这就暗含了

$$\langle\boldsymbol{F}(\boldsymbol{z}_k),\ \boldsymbol{x}_k-\boldsymbol{\nu}_k\rangle=\langle\boldsymbol{F}(\boldsymbol{z}_k),\ \boldsymbol{x}_k-\boldsymbol{z}_k\rangle+\langle\boldsymbol{F}(\boldsymbol{z}_k),\ \boldsymbol{z}_k-\boldsymbol{\nu}_k\rangle\geqslant\langle\boldsymbol{F}(\boldsymbol{z}_k),\ \boldsymbol{x}_k-\boldsymbol{z}_k\rangle$$

因此，借助式(4.7)，可得到

$$\langle\boldsymbol{F}(\boldsymbol{z}_k),\ \boldsymbol{x}_k-\boldsymbol{\nu}_k\rangle\geqslant\langle\boldsymbol{F}(\boldsymbol{z}_k),\ \boldsymbol{x}_k-\boldsymbol{z}_k\rangle\geqslant\sigma\alpha_k^2\|\boldsymbol{d}_k\|^2\geqslant 0 \tag{4.14}$$

借助式(4.14)，则有

$$\begin{aligned}
\|\boldsymbol{x}_{k+1}-\boldsymbol{\nu}_k\|^2&=\left\|\boldsymbol{x}_k-\frac{\boldsymbol{F}(\boldsymbol{z}_k)^{\mathrm{T}}(\boldsymbol{x}_k-\boldsymbol{z}_k)}{\|\boldsymbol{F}(\boldsymbol{z}_k)\|^2}\boldsymbol{F}(\boldsymbol{z}_k)-\boldsymbol{\nu}_k\right\|^2\\
&\leqslant\|\boldsymbol{x}_k-\boldsymbol{\nu}_k\|^2-\frac{\mathrm{F}(\boldsymbol{z}_k)^{\mathrm{T}}(\boldsymbol{x}_k-\boldsymbol{z}_k)\boldsymbol{F}(\boldsymbol{z}_k)^{\mathrm{T}}(\boldsymbol{x}_k-\boldsymbol{z}_k)}{\|\boldsymbol{F}(\boldsymbol{z}_k)\|^2}\\
&\leqslant\|\boldsymbol{x}_k-\boldsymbol{\nu}_k\|^2-\frac{\sigma^2\alpha_k^4\|\boldsymbol{d}_k\|^4}{\|\boldsymbol{F}(\boldsymbol{z}_k)\|^2}
\end{aligned}$$

由 $\boldsymbol{\nu}_k$ 的定义，有

$$\begin{aligned}
\|\boldsymbol{F}(\boldsymbol{z}_k)\|&=\|\boldsymbol{F}(\boldsymbol{z}_k)-\boldsymbol{F}(\boldsymbol{\nu}_k)\|\\
&\leqslant L\|\boldsymbol{z}_k-\boldsymbol{\nu}_k\|\\
&\leqslant L(\|\boldsymbol{x}_k-\boldsymbol{z}_k\|+\|\boldsymbol{x}_k-\boldsymbol{\nu}_k\|)\\
&=L(\alpha_k\|\boldsymbol{d}_k\|+\|\boldsymbol{x}_k-\boldsymbol{\nu}_k\|)\\
&\leqslant L(\|\boldsymbol{d}_k\|+\|\boldsymbol{x}_k-\boldsymbol{\nu}_k\|)\\
&\leqslant L(A\|\boldsymbol{F}(\boldsymbol{x}_k)-\boldsymbol{F}(\boldsymbol{\nu}_k)\|+\|\boldsymbol{x}_k-\boldsymbol{\nu}_k\|)\\
&\leqslant L(LA+1)\|\boldsymbol{x}_k-\boldsymbol{\nu}_k\|\\
&=L(LA+1)\,\mathrm{dist}(\boldsymbol{x}_k,\ \Omega^*)
\end{aligned}$$

由于 $\boldsymbol{\nu}_k\in\Omega^*$，很容易得到

$$\mathrm{dist}(\boldsymbol{x}_{k+1},\ \Omega^*)^2\leqslant\|\boldsymbol{x}_{k+1}-\boldsymbol{\nu}_k\|^2$$

$$
\begin{aligned}
&\leqslant \operatorname{dist}(\boldsymbol{x}_k, \Omega^*)^2 - \frac{\sigma^2\alpha_k^4 \|\boldsymbol{d}_k\|^4}{\|\boldsymbol{F}(\boldsymbol{z}_k)\|^2} \\
&\leqslant \operatorname{dist}(\boldsymbol{x}_k, \Omega^*)^2 - \frac{\sigma^2\alpha_k^4 c^4 \|\boldsymbol{F}_k\|^4}{\|\boldsymbol{F}(\boldsymbol{z}_k)\|^2} \\
&\leqslant \operatorname{dist}(\boldsymbol{x}_k, \Omega^*)^2 - \frac{\sigma^2 B^4 c^4 \eta^4 \operatorname{dist}(\boldsymbol{x}_k, \Omega^*)^4}{L^2(LA+1)^2 \operatorname{dist}(\boldsymbol{x}_k, \Omega^*)^2} \\
&= \left[1 - \frac{\sigma^2 B^4 c^4 \mu^4}{L^2(LA+1)^2}\right] \operatorname{dist}(\boldsymbol{x}_k, \Omega^*)^2
\end{aligned}
$$

由于 $\sigma\in(0, 1)$，$\mu\in[0, 1]$，$B\in(0, 1]$，$c\in[0, 1]$，$L>1$ 和 $A\in[0, 1]$，很容易知道 $1-\frac{\sigma^2 B^4 c^4 \mu^4}{L^2(LA+1)^2}\in(0, 1)$。因此，序列 $\{\operatorname{dist}(\boldsymbol{x}_k, \Omega^*)\}$ 是 Q-线性收敛到 0，所以，序列 $\{\boldsymbol{x}_k\}$ 是 R 阶线性收敛到 $\bar{\boldsymbol{x}}$。命题得证。

4.5 数值实验

在这个部分，通过比较两种相关算法 CGD[86] 和 PCG[90]，递呈数值结果来显示算法在 NI，NF 和 CPU 方面的性能。其中“NI”和“NF”分别代表算法的迭代次数和函数值的迭代次数。

算法 4.1($t_k=t_k^a$)和算法 4.1($t_k=t_k^b$)分别命名为算法 4.1a 和算法 4.1b。算法中的参数选择为 $\rho=0.4$，$\sigma=10^{-4}$，$r=0.1$，$\mu_1=0.01$，$\mu_2=0.1$。CGD 中的参数来源于文献[86]的第 4 部分。PCG 中参数的选择来源于文献[90]的第 4.1 部分。三种算法的终止条件选择为 $\|\boldsymbol{F}_k\|\leqslant 10^{-5}$。算法编译在 Matlab R2010a 中，运行在具有 2.30 GHz 的 CPU 处理器和 2.00 GB 内存的计算机上。

测试函数选择如下：

测试函数 4.1：这个测试函数来自文献[131]，映射 $\boldsymbol{F}$ 表述为 $\boldsymbol{F}(\boldsymbol{x})=(f_1(\boldsymbol{x}), f_2(\boldsymbol{x}), \cdots, f_n(\boldsymbol{x}))^{\mathrm{T}}$，$\boldsymbol{F}(\boldsymbol{x})$：$\mathbf{R}^n\to\mathbf{R}^n$ 且

$$f_i(\boldsymbol{x})=(\exp \boldsymbol{x}_i)^2+3\sin \boldsymbol{x}_i \cos \boldsymbol{x}_i-1,\ i=1, 2, \cdots, n$$

其中 $\Omega=\mathbf{R}_+^n$。

测试函数 4.2：这个测试函数来自文献[132]，映射 $\boldsymbol{F}$ 表述为 $\boldsymbol{F}(\boldsymbol{x})=(f_1(\boldsymbol{x}), f_2(\boldsymbol{x}), \cdots, f_n(\boldsymbol{x}))^{\mathrm{T}}$，$\boldsymbol{F}(\boldsymbol{x})$：$\mathbf{R}^n\to\mathbf{R}^n$ 且

$$f_1(\boldsymbol{x})=\boldsymbol{x}_1(2\boldsymbol{x}_1^2+2\boldsymbol{x}_2^2)-1$$

$$f_i(\boldsymbol{x})=\boldsymbol{x}_i(\boldsymbol{x}_{i-1}^2+2\boldsymbol{x}_i^2+\boldsymbol{x}_{i+1}^2)-1,\ i=2, 3, \cdots, n-1$$

$$f_n(\boldsymbol{x})=\boldsymbol{x}_n(2\boldsymbol{x}_{n-1}^2+2\boldsymbol{x}_n^2)-1$$

其中 $\Omega=\mathbf{R}_{+}^{n}$。

测试函数 4.3：这个测试函数来自文献[131]，映射 $\boldsymbol{F}$ 表述为 $\boldsymbol{F}(\boldsymbol{x})=(f_1(\boldsymbol{x}), f_2(\boldsymbol{x}), \cdots, f_n(\boldsymbol{x}))^{\mathrm{T}}$，$\boldsymbol{F}(\boldsymbol{x}): \mathbf{R}^n \to \mathbf{R}^n$ 且

$$f_1(\boldsymbol{x})=\boldsymbol{x}_1-\exp\left(\frac{\boldsymbol{x}_1+\boldsymbol{x}_2}{2}\right)$$

$$f_i(\boldsymbol{x})=\boldsymbol{x}_i-\exp\left(\frac{\boldsymbol{x}_{i-1}+\boldsymbol{x}_i+\boldsymbol{x}_{i+1}}{i}\right),\ i=2,\ 3,\ \cdots,\ n-1$$

$$f_n(\boldsymbol{x})=\boldsymbol{x}_n-\exp\left(\frac{\boldsymbol{x}_{n-1}+\boldsymbol{x}_n}{n}\right)$$

其中 $\Omega=\mathbf{R}_{+}^{n}$。

测试函数 4.4：这个测试函数来自文献[131]，映射 $\boldsymbol{F}$ 表述为

$$\boldsymbol{F}(\boldsymbol{x})=[f_1(\boldsymbol{x}), f_2(\boldsymbol{x}), \cdots, f_n(\boldsymbol{x})]^{\mathrm{T}},\ \boldsymbol{F}(\boldsymbol{x}): \mathbf{R}^n \to \mathbf{R}^n \text{ 且}$$

$$f_1(\boldsymbol{x})=2\boldsymbol{x}_1+\sin\boldsymbol{x}_1-1$$

$$f_i(\boldsymbol{x})=2\boldsymbol{x}_{i-1}+2\boldsymbol{x}_i+\sin\boldsymbol{x}_i-1,\ i=2,\ 3,\ \cdots,\ n-1$$

$$f_n(\boldsymbol{x})=2\boldsymbol{x}_n+\sin\boldsymbol{x}_n-1$$

其中 $\Omega=\mathbf{R}_{+}^{n}$。

针对测试函数 4.1，选择如下的初始点：

$$\boldsymbol{X}_1=\left[\frac{1}{n},\ \frac{2}{n},\ \cdots,\ 1\right]^{\mathrm{T}}$$

$$\boldsymbol{X}_2=\left[\frac{1}{3},\ \frac{1}{3^2},\ \cdots,\ \frac{1}{3^n}\right]^{\mathrm{T}}$$

$$\boldsymbol{X}_3=\left[\frac{1}{2},\ \frac{1}{2^2},\ \cdots,\ \frac{1}{2^n}\right]^{\mathrm{T}}$$

$$\boldsymbol{X}_4=\left[\frac{n-1}{n},\ \frac{n-2}{n},\ \cdots,\ 0\right]^{\mathrm{T}}$$

$$\boldsymbol{X}_5=\left[\frac{1}{5},\ \frac{1}{5},\ \cdots\frac{1}{5}\right]^{\mathrm{T}}$$

$$\boldsymbol{X}_6=\left[-\frac{1}{4},\ \frac{1}{4},\ \cdots,\ \frac{(-1)^n}{4}\right]^{\mathrm{T}}$$

数值实验结果放在表 4.1 中。

针对测试函数 4.2，选择如下的初始点：

$$\boldsymbol{X}_1=[1,\ 1,\ \cdots,\ 1]^{\mathrm{T}}$$

$$\boldsymbol{X}_2=[5,\ 5,\ \cdots,\ 5]^{\mathrm{T}}$$

$$X_3 = \left[1,\ \frac{1}{2},\ \cdots,\ \frac{1}{n}\right]^{\mathrm{T}}$$

$$X_4 = \left[\frac{1}{n},\ \frac{2}{n},\ \cdots,\ 1\right]^{\mathrm{T}}$$

$$X_5 = \left[\frac{1}{3},\ \frac{1}{3^2},\ \cdots,\ \frac{1}{3^n}\right]^{\mathrm{T}}$$

数值实验结果放在表 4.2 中。

针对测试函数 4.3 和测试函数 4.4，选择如下初始点：

$$X_1 = [1,\ 1,\ \cdots,\ 1]^{\mathrm{T}}$$

$$X_2 = \left[\frac{1}{2},\ \frac{1}{2},\ \cdots,\ \frac{1}{2}\right]^{\mathrm{T}}$$

$$X_3 = \left[1,\ \frac{1}{2},\ \cdots,\ \frac{1}{n}\right]^{\mathrm{T}}$$

$$X_4 = \left[\frac{1}{n},\ \frac{2}{n},\ \cdots,\ 1\right]^{\mathrm{T}}$$

$$X_5 = \left[\frac{1}{3},\ \frac{1}{3^2},\ \cdots,\ \frac{1}{3^n}\right]^{\mathrm{T}}$$

数值实验结果放在表 4.3 和表 4.4 中。

针对测试函数 4.1 至测试函数 4.4，使用在区间(0，1)中随机生成的点作为初始点，数值实验结果放在表 4.5 中。

在表 4.1 至表 4.5 中，“Dim”表示问题的维数乘以10^4，“FV”表示 $\| \boldsymbol{F}_k \|$ 的最终值乘以10^{-6}。从表 4.1 至表 4.5 中，可以看出算法针对测试函数在“NI”，“NF”和 CPU 方面优于 CGD 和 PCG。除此之外，针对测试函数 4.1 至测试函数 4.4，表 4.1 至表 4.5 显示这四种算法对初始点和维数不敏感。

表 4.1　四种算法处理测试函数 4.1 的数值实验结果

初始点	Dim	CGD 算法				PCG 算法				算法 4.1a				算法 4.1b			
		NI	NF	CPU	FV	NI	NF	CPU	FV	NI	NF	CPU	FV	NI	NF	CPU	FV
X_1	0.5	151	302	0.42	9.11	13	42	0.08	4.91	13	28	0.05	3.09	13	28	0.05	3.09
X_2		108	216	0.33	9.38	8	25	0.07	4.16	8	17	0.05	3.81	8	17	0.05	3.81
X_3		112	224	0.38	9.35	12	37	0.07	9.69	8	17	0.05	9.62	8	17	0.05	9.62
X_4		151	302	0.42	9.11	13	42	0.08	4.90	13	28	0.08	3.07	13	28	0.08	3.07
X_5		143	286	0.39	9.98	10	31	0.07	3.25	10	21	0.05	4.77	10	21	0.05	4.77
X_6		144	287	0.37	9.16	12	37	0.08	3.21	11	23	0.05	2.77	11	23	0.05	2.77
X_1	2	157	314	1.83	9.68	13	42	0.50	9.81	13	28	0.47	6.17	13	28	0.46	6.17
X_2		108	216	1.25	9.38	8	25	0.43	4.16	8	17	0.43	3.81	8	17	0.43	3.81
X_3		112	224	1.32	9.35	12	37	0.49	9.69	8	17	0.42	9.62	8	17	0.42	9.62
X_4		157	314	1.82	9.68	13	42	0.49	9.80	13	28	0.47	6.16	13	28	0.47	6.16
X_5		150	300	1.76	9.55	10	31	0.46	6.50	10	21	0.45	9.53	10	21	0.45	9.53
X_6		150	299	1.66	9.64	12	37	0.49	6.41	11	23	0.46	5.55	11	23	0.45	5.55
X_1	8	164	328	15.04	9.26	14	45	8.33	3.91	14	30	8.43	2.47	14	30	8.42	2.47
X_2		108	216	12.20	9.38	8	25	8.18	4.16	8	17	8.16	3.81	8	17	8.17	3.81
X_3		112	224	12.09	9.35	12	37	8.54	9.69	8	17	8.18	9.62	8	17	8.17	9.62
X_4		164	328	15.32	9.26	14	45	8.57	3.91	14	30	8.72	2.47	14	30	8.42	2.47
X_5		157	314	14.73	9.14	11	34	8.41	2.59	11	23	8.40	3.81	11	23	8.33	3.81
X_6		157	313	14.36	9.17	13	40	8.73	2.56	12	25	8.33	2.22	12	25	8.34	2.22
X_1	10	165	330	24.00	9.32	14	45	14.90	4.37	14	30	15.36	2.76	14	30	13.80	2.76
X_2		108	216	19.72	9.38	8	25	15.06	4.16	8	17	15.15	3.81	8	17	14.99	3.81
X_3		112	224	20.08	9.35	12	37	15.19	9.69	8	17	14.90	9.62	8	17	14.94	9.62
X_4		165	330	24.13	9.32	14	45	15.39	4.37	14	30	15.38	2.76	14	30	15.37	2.76
X_5		158	316	23.79	9.19	11	34	15.67	2.90	11	23	15.23	4.26	11	23	15.16	4.26
X_6		158	315	23.00	9.22	13	40	16.14	2.86	12	25	15.11	2.48	12	25	15.26	2.48

表 4.2 四种算法处理测试函数 4.2 的数值实验结果

初始点	Dim	CGD 算法				PCG 算法				算法 4.1a				算法 4.1b			
		NI	NF	CPU	FV	NI	NF	CPU	FV	NI	NF	CPU	FV	NI	NF	CPU	FV
X_1	0.5	13	22	0.06	2.59	11	35	0.05	9.85	9	20	0.09	6.26	9	20	0.07	6.26
X_2		23	48	0.07	8.95	13	46	0.06	2.97	15	42	0.08	8.14	15	42	0.08	8.14
X_3		46	70	0.09	8.86	31	132	0.09	6.44	20	44	0.08	2.49	20	44	0.08	2.49
X_4		108	175	0.17	9.82	18	60	0.07	3.54	20	45	0.07	6.76	20	45	0.07	6.76
X_5		45	69	0.10	6.38	13	38	0.08	2.86	14	28	0.07	2.45	14	28	0.07	2.45
X_1	2	13	22	0.40	5.18	12	38	0.41	4.83	10	22	0.40	2.98	10	22	0.39	2.98
X_2		24	49	0.45	8.51	13	46	0.41	5.95	16	44	0.43	3.87	16	44	0.43	3.87
X_3		52	80	0.56	8.45	32	138	0.53	8.80	24	59	0.47	3.86	24	59	0.47	3.86
X_4		127	206	1.12	6.01	18	60	0.45	6.74	21	47	0.45	3.45	21	47	0.45	3.45
X_5		48	75	0.56	4.40	13	38	0.41	5.13	14	28	0.43	4.91	14	28	0.41	4.91
X_1	8	14	23	9.82	4.93	12	38	8.32	9.65	10	22	8.08	5.96	10	22	8.48	5.96
X_2		24	49	8.47	1.70	14	49	8.26	2.92	16	44	8.22	7.75	16	44	8.32	7.75
X_3		60	97	9.14	6.00	15	55	8.20	4.72	24	59	0.95	6.14	24	59	0.92	6.14
X_4		123	189	10.44	9.45	19	63	8.43	3.28	21	47	8.35	6.89	21	47	8.36	6.89
X_5		49	88	9.00	9.14	13	38	8.47	9.96	14	28	8.42	9.81	14	28	8.23	9.81
X_1	10	14	23	17.09	5.51	13	41	14.97	2.65	10	22	15.20	6.66	10	22	15.00	6.66
X_2		24	49	15.35	1.90	14	49	15.09	3.26	16	44	14.98	8.66	16	44	15.00	8.66
X_3		72	122	16.46	8.40	33	147	17.92	7.01	25	63	15.46	9.50	25	63	15.34	9.50
X_4		142	223	18.42	7.94	19	63	15.21	3.66	21	47	15.20	7.70	21	47	15.16	7.70
X_5		47	83	15.94	9.36	14	41	15.32	2.72	14	28	15.38	2.61	15	30	15.03	2.61

表 4.3　四种算法处理测试函数 4.3 的数值实验结果

初始点	Dim	CGD 算法				PCG 算法				算法 4.1a				算法 4.1b			
		NI	NF	CPU	FV	NI	NF	CPU	FV	NI	NF	CPU	FV	NI	NF	CPU	FV
X_1	0.5	74	75	0.24	9.25	41	60	0.14	9.82	24	25	0.11	3.12	24	25	0.08	3.12
	2	77	78	1.10	9.46	41	60	0.79	9.84	27	28	0.60	1.89	27	28	0.60	1.89
	3	78	79	1.93	9.26	41	60	1.46	9.91	26	27	1.31	8.07	26	27	1.16	8.07
	8	80	81	11.31	9.67	42	61	9.87	9.69	27	28	9.09	3.58	27	28	9.09	3.58
	10	81	82	18.96	8.65	42	61	17.02	9.79	27	28	16.15	4.92	27	28	16.28	4.92
X_2	0.5	75	76	0.22	9.49	45	64	0.17	4.94	25	26	0.11	1.46	25	26	0.11	1.46
	2	78	79	1.10	9.74	44	64	0.81	4.94	27	28	0.60	3.24	27	28	0.57	3.24
	3	79	80	1.92	9.55	44	64	1.71	4.95	25	26	1.14	5.84	25	26	1.14	5.84
	8	81	82	11.30	9.98	44	64	9.92	4.97	26	27	9.28	9.96	26	27	8.99	9.96
	10	82	83	19.14	8.93	44	64	17.18	4.99	28	29	17.26	2.97	28	29	16.20	2.97
X_3	0.5	76	77	0.24	9.26	44	64	0.17	4.90	25	26	0.11	5.87	25	26	0.12	5.87
	2	79	80	1.11	9.54	44	64	0.81	4.93	25	26	0.59	6.24	25	26	0.59	6.24
	3	60	97	9.14	6.00	15	55	8.20	4.72	24	59	0.95	6.14	24	59	0.92	6.14
	8	82	83	11.39	9.78	44	64	9.91	5.00	27	28	9.05	3.09	27	28	9.02	3.09
	10	83	84	19.43	8.75	44	64	16.96	5.03	26	27	15.95	6.69	26	27	15.97	6.69
X_4	0.5	75	76	0.23	9.52	45	64	0.17	4.92	24	25	0.11	3.50	24	25	0.11	3.50
	2	78	79	1.10	9.81	44	64	0.81	4.92	27	28	0.60	3.72	27	28	0.58	3.72
	3	79	80	1.94	9.62	44	64	1.50	4.93	25	26	1.13	4.39	25	26	1.15	4.39
	8	82	83	11.78	8.05	44	64	10.13	4.96	27	28	9.36	4.28	27	28	9.04	4.28
	10	82	83	18.97	9.00	44	64	17.12	4.98	26	27	15.98	7.36	26	27	16.00	7.36
X_5	0.5	76	77	0.24	9.27	44	64	0.17	4.90	26	27	0.12	1.79	26	27	0.12	1.79
	2	79	80	1.11	9.54	44	64	0.81	4.93	26	27	0.60	6.99	26	27	0.60	6.99
	3	80	81	1.95	9.35	44	64	1.49	4.94	27	28	1.17	4.80	27	28	1.18	4.80
	8	82	83	11.34	9.78	44	64	10.06	5.00	27	28	9.28	3.45	27	28	9.00	3.45
	10	83	84	19.21	8.75	44	64	17.21	5.03	27	28	16.04	7.35	27	28	16.07	7.35

表 4.4 四种算法处理测试函数 4.4 的数值实验结果

初始点	Dim	CGD 算法				PCG 算法				算法 4.1a				算法 4.1b			
		NI	NF	CPU	FV	NI	NF	CPU	FV	NI	NF	CPU	FV	NI	NF	CPU	FV
$\boldsymbol{X}_1$	0.5	152	220	0.24	4.55	18	55	0.07	7.33	16	33	0.05	7.69	16	33	0.05	7.69
	2	146	224	1.06	5.72	18	55	0.45	9.92	16	33	0.44	9.75	16	33	0.46	9.75
	3	143	221	1.80	9.01	19	58	0.97	4.40	17	35	0.91	4.26	17	35	0.92	4.26
	8	158	247	11.44	6.23	19	58	8.51	5.40	17	35	8.07	5.11	17	35	8.65	5.11
	10	156	232	18.65	5.49	19	58	15.39	5.90	17	35	14.66	5.35	17	35	15.44	5.35
$\boldsymbol{X}_2$	0.5	158	240	0.25	4.77	17	52	0.08	7.89	16	33	0.08	4.75	16	33	0.08	4.75
	2	141	218	1.02	6.20	17	52	0.46	9.80	16	33	0.44	5.30	16	33	0.44	5.30
	3	138	214	1.77	9.67	18	55	0.96	5.47	16	33	0.91	5.59	16	33	0.92	5.59
	8	107	191	10.31	9.86	18	55	8.92	5.17	16	33	8.04	6.52	16	33	8.23	6.52
	10	101	167	17.06	8.62	18	55	15.40	5.38	16	33	14.58	6.77	16	33	15.07	6.77
$\boldsymbol{X}_3$	0.5	253	333	0.36	9.11	18	55	0.07	6.39	16	33	0.05	8.01	16	33	0.07	8.01
	2	295	377	1.70	9.29	18	55	0.49	8.29	16	33	0.43	8.89	16	33	0.41	8.89
	3	138	214	1.77	9.67	18	55	0.96	5.47	16	33	0.91	5.59	16	33	0.92	5.59
	8	332	416	15.11	2.29	19	58	8.44	4.18	17	35	8.28	4.44	17	35	8.28	4.44
	10	312	390	22.84	8.00	19	58	15.29	4.34	17	35	15.23	4.58	17	35	15.25	4.58
$\boldsymbol{X}_4$	0.5	171	249	0.27	9.65	17	52	0.07	7.12	16	33	0.08	7.84	16	33	0.08	7.84
	2	199	274	1.52	4.78	17	52	0.92	9.11	16	33	0.44	7.61	16	33	0.44	7.61
	3	208	290	2.23	9.49	17	52	0.92	9.11	16	33	0.92	7.74	16	33	0.90	7.74
	8	246	343	13.37	9.66	18	55	8.44	5.01	16	33	8.66	8.37	16	33	8.33	8.37
	10	237	321	20.83	8.85	18	55	15.56	5.62	16	33	14.97	8.60	16	33	15.25	8.60
$\boldsymbol{X}_5$	0.5	235	308	0.34	7.04	17	52	0.08	7.34	15	31	0.08	8.56	15	31	0.09	8.56
	2	256	322	1.51	9.36	17	52	0.48	7.03	15	31	0.44	9.38	15	31	0.46	9.38
	3	266	343	2.62	5.86	17	52	0.95	7.64	15	31	1.06	9.84	15	31	0.95	9.84
	8	248	308	13.27	6.68	17	52	8.74	9.98	16	33	8.24	4.75	16	33	8.31	4.75
	10	266	349	21.70	9.96	17	52	15.22	8.86	16	33	14.96	4.90	16	33	15.17	4.90

表 4.5　四种算法处理测试函数 4.1 至测试函数 4.4 的数值实验结果

初始点	Dim	CGD 算法				PCG 算法				算法 4.1a				算法 4.1b			
		NI	NF	CPU	FV	NI	NF	CPU	FV	NI	NF	CPU	FV	NI	NF	CPU	FV
4.1	2	157	314	1.51	9.67	13	42	0.16	9.85	13	28	0.14	6.13	13	28	0.14	6.25
		157	314	1.54	9.66	13	42	0.16	9.62	13	28	0.11	6.35	13	28	0.12	6.09
	8	164	328	7.09	9.27	14	45	0.78	3.91	14	30	0.58	2.41	14	30	0.57	2.49
		164	328	7.04	9.26	14	45	0.75	3.85	14	30	0.54	2.47	14	30	0.54	2.40
	10	165	330	8.93	9.32	14	45	0.97	4.40	14	30	0.71	2.73	14	30	0.72	2.72
		165	330	9.00	9.33	14	45	0.95	4.34	14	30	0.69	2.80	14	30	0.68	2.75
4.2	2	129	205	0.55	9.75	30	120	0.18	2.62	28	63	0.15	7.00	27	60	0.12	2.69
		126	200	0.52	9.48	38	155	0.23	2.90	30	68	0.16	8.87	31	70	0.14	4.04
	8	137	215	2.93	5.86	28	110	0.86	3.91	31	71	0.74	6.13	32	75	0.73	9.86
		132	202	2.79	9.61	39	145	1.14	9.00	34	78	0.77	7.20	35	81	0.80	2.57
	10	137	216	3.72	9.93	46	222	2.00	3.42	35	82	1.05	8.36	34	78	1.01	8.03
		131	208	3.55	7.52	43	150	1.57	7.62	32	73	0.91	7.12	37	85	1.06	8.52
4.3	2	78	79	0.78	9.90	44	64	0.49	4.94	26	27	0.28	2.06	27	28	0.29	2.57
		78	79	0.76	9.81	42	61	0.45	9.79	26	27	0.25	4.07	25	26	0.24	8.06
	8	82	83	3.58	8.06	44	64	2.11	4.97	27	28	1.17	3.37	26	27	1.14	8.80
		82	83	3.57	8.09	44	64	2.09	4.97	26	27	1.11	8.43	25	26	1.07	7.51
	10	82	83	4.50	9.00	44	64	2.66	4.99	27	28	1.46	4.73	27	28	1.46	4.67
		82	83	4.49	9.00	44	64	2.63	4.98	26	27	1.40	7.54	25	26	1.33	3.98
4.4	2	219	302	1.04	8.58	60	167	0.38	9.42	60	110	0.32	9.96	59	109	0.32	9.54
		217	299	1.01	8.30	64	176	0.38	7.42	60	111	0.30	8.33	60	111	0.30	8.51
	8	246	312	5.69	8.13	67	184	1.97	8.24	64	118	1.57	8.89	65	119	1.59	8.83
		269	370	6.35	6.22	67	184	1.95	7.72	65	119	1.56	8.55	64	118	1.54	8.87
	10	264	332	7.70	9.23	67	184	2.52	8.97	66	120	2.04	9.79	66	121	2.01	8.40
		259	335	7.54	9.51	67	184	2.48	8.78	70	125	2.11	8.19	67	122	2.02	8.35

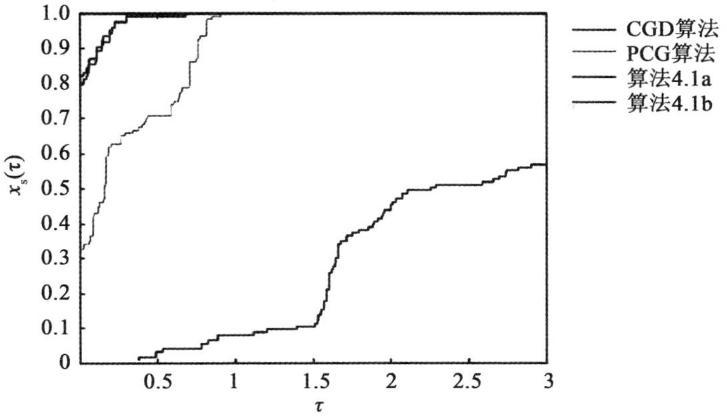

图 **4.1** 四种算法的迭代次数性能曲线

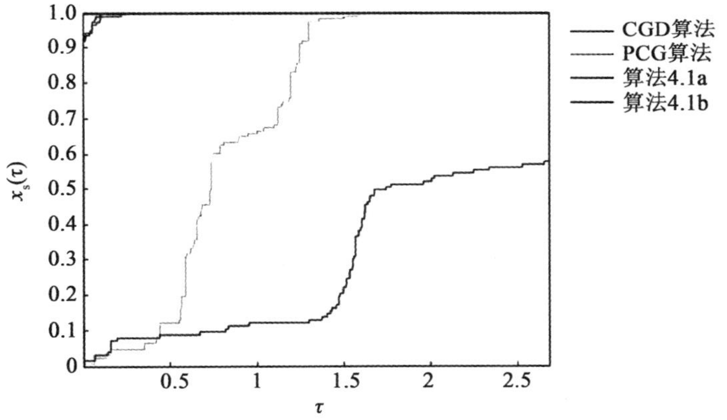

图 **4.2** 四种算法的函数值迭代次数性能曲线

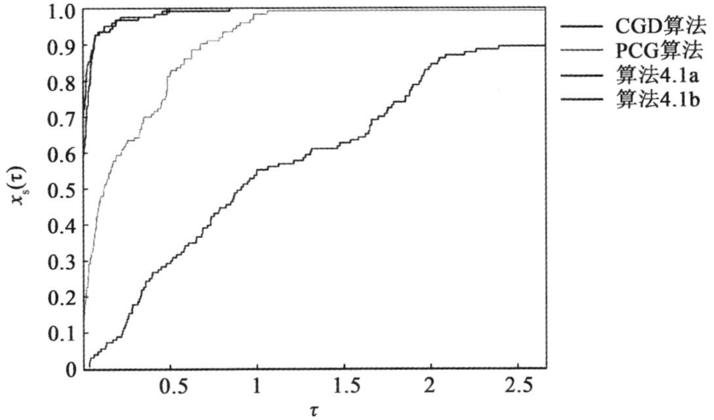

图 **4.3** 四种算法的运行时间性能曲线

更进一步，结合 Dolan 和 More[118] 的性能曲线，获得了三张性能曲线图。从图 4.1 至图 4.3 中，可以看出算法 4.1a 和算法 4.1b 都优于 CGD 和 PCG。而且，算法 4.1a 和算法 4.1b 的差异比较小。

4.6 在信号恢复中的应用

在这个部分分别应用本章提出的算法、CGD 和 PCG 来处理典型的压缩感知问题，并在 NI，CPU，MSE(平方误差的均值)这三个方面比较这四种算法的优劣。

4.6.1 压缩感知

压缩感知(也叫作稀疏样本)是一种高效恢复稀疏信号的信号处理技术。基于 Shannon-Nyquist 样本理论[133-134]，优化算法被用来从远远少于所需要的样本中恢复信号。该算法主要是通过寻找失定线性方程系统的解，进而获得将稀疏信号从观测样本中恢复出来的效果。

跟随文献[135]，考虑从一个不完整的和被污染的观测值中恢复一个未知向量 $\boldsymbol{x}_0 \in \mathbf{R}^n$：

$$\boldsymbol{b}=\boldsymbol{A}\boldsymbol{x}_0+\boldsymbol{e} \tag{4.15}$$

其中 $\boldsymbol{b} \in \mathbf{R}^k$ 是观测值，$\boldsymbol{A} \in \mathbf{R}^{k\times n}(k\ll n)$，并且 $\boldsymbol{e} \in \mathbf{R}^k$ 是误差项。行数远小于列数意味着样本的观测值远远小于原始信号的维数。

当尝试从噪声的观测值中恢复原始信号 $\boldsymbol{x}_0$ 时，一个正则化技术被使用来克服式(4.15)中矩阵 $\boldsymbol{A}$ 的病态属性。随后，寻找式(4.15)的稀疏矩阵的解 $\boldsymbol{x}_0$ 就转变成求解如下一个凸的无约束优化问题：

$$\min_{\boldsymbol{x}\in\mathbf{R}^n} \tau \|\boldsymbol{x}\|_1+\frac{1}{2}\|\boldsymbol{b}-\boldsymbol{A}\boldsymbol{x}\|_2^2 \tag{4.16}$$

其中 $\tau>0$ 是一个参数，$\|\boldsymbol{v}\|_1$ 和 $\|\boldsymbol{v}\|_2$ 分别定义为 $\boldsymbol{v}\in\mathbf{R}^n$ 的 l_1 和 l_2 范数。

问题式(4.16)能够重写为一个凸的二次规划问题，将 $\boldsymbol{x}\in\mathbf{R}^n$ 分裂成正和负两个部分，有：

$$\boldsymbol{x}=\boldsymbol{u}-\boldsymbol{v},\ \boldsymbol{u}\geqslant 0,\ \boldsymbol{v}\geqslant 0 \tag{4.17}$$

其中 $\boldsymbol{u}_i=\max\{0,\ \boldsymbol{x}_i\}$ 和 $\boldsymbol{v}_i=\max\{-\boldsymbol{x}_i,\ 0\}$，$i\in(1,\ 2,\ \cdots,\ n)$。由 l_1 范数的定义，$\boldsymbol{x}$ 的 l_1 范数能重写为：

$$\|\boldsymbol{x}\|_1=\boldsymbol{e}_n^{\mathrm{T}}\boldsymbol{u}+\boldsymbol{e}_n^{\mathrm{T}}\boldsymbol{v} \tag{4.18}$$

其中 $\boldsymbol{e}_n\in(1,\ 1,\ \cdots,\ 1)^{\mathrm{T}}\in\mathbf{R}^n$。

通过结合式(4.17)和式(4.18)，问题式(4.16)能够重新写为一个含有边界约束的二次型问题：

$$\min_{\boldsymbol{u},\boldsymbol{v}}\frac{1}{2}\|\boldsymbol{b}-\boldsymbol{A}(\boldsymbol{u}-\boldsymbol{v})\|_2^2+\tau\boldsymbol{e}_n^{\mathrm{T}}\boldsymbol{u}+\tau\boldsymbol{e}_n^{\mathrm{T}}\boldsymbol{v} \tag{4.19}$$

其中 $\boldsymbol{u}\geqslant 0$，$\boldsymbol{v}\geqslant 0$。

通过结合与 l_2 范数相关的向量的乘积，问题式(4.19)能写成更加标准的形式：

$$\min_{z\geqslant 0}\frac{1}{2}\boldsymbol{z}^{\mathrm{T}}\boldsymbol{H}\boldsymbol{z}+\boldsymbol{c}^{\mathrm{T}}\boldsymbol{z} \tag{4.20}$$

其中

$$\boldsymbol{z}=\begin{pmatrix}\boldsymbol{u}\\ \boldsymbol{v}\end{pmatrix}$$

$$\boldsymbol{c}=\begin{pmatrix}\tau\boldsymbol{e}_n-\boldsymbol{A}^{\mathrm{T}}\boldsymbol{b}\\ \tau\boldsymbol{e}_n+\boldsymbol{A}^{\mathrm{T}}\boldsymbol{b}\end{pmatrix}$$

$$\boldsymbol{H}=\begin{pmatrix}\boldsymbol{A}^{\mathrm{T}}\boldsymbol{A} & -\boldsymbol{A}^{\mathrm{T}}\boldsymbol{A}\\ -\boldsymbol{A}^{\mathrm{T}}\boldsymbol{A} & \boldsymbol{A}^{\mathrm{T}}\boldsymbol{A}\end{pmatrix}$$

明显地，$\boldsymbol{H}$ 是半正定的。所以，问题式(4.20)是一个凸二次规划问题。在文献[136]中证明了 $\boldsymbol{z}$ 是问题式(4.20)的解，当且仅当 $\boldsymbol{z}$ 是下面方程组的解：

$$\boldsymbol{F}(\boldsymbol{z})=\min\{\boldsymbol{z},\ \boldsymbol{H}\boldsymbol{z}+\boldsymbol{c}\}=0,\ \boldsymbol{z}\geqslant 0 \tag{4.21}$$

其中 $\boldsymbol{F}$ 是向量值函数，“min”为分量最小值。

从文献[137]中引理 2.3 和文献[136]中引理 2.2，知道 $\boldsymbol{F}$：$\mathbf{R}^{2n}\to\mathbf{R}^{2n}$ 是 Lipschitz 连续的和单调的。因此，式(4.21)能够用本章算法求解。

4.6.2　数值结果

本章算法中的参数选择为：$\sigma=1\times10^{-4}$，$\rho=0.6$，$r=0.1$，$\mu_1=0.01$，$\mu_2=0.1$。CGD 参数的选择来源于文献[86]的第 5 部分。PCG 参数的选择来源于文献[90]的第 4.2 部分。

在数值试验中，主要的目标就是从一个 k 维被高斯噪声污染的观测样本中恢复出一个 n 维的稀疏信号。恢复的质量是通过平方误差的均值(MSE)来测量：

$$\mathrm{MSE}=\frac{1}{n}\|\boldsymbol{x}_0-\boldsymbol{x}^*\|^2$$

其中 $\boldsymbol{x}_0$ 是原始信号；$\boldsymbol{x}^*$ 是恢复信号。

对于方程组(4.15)，选择 $n=2^{10}$ 和 $k=2^9$。原始信号 $\boldsymbol{x}_0$ 随机包含了 2^7 个非

零元素。随机矩阵 $\boldsymbol{A}$ 是由 Matlab 中随机命令 $rand(n, k)$ 产生的。观测值 $\boldsymbol{b}$ 由下面的等式所确定：

$$\boldsymbol{b}=\boldsymbol{A}\boldsymbol{x}_0+\boldsymbol{e}$$

其中 $\boldsymbol{e}$ 是高斯噪声 $N(0, 10^{-4})$。

针对四种算法，式(4.16)中的参数 τ 通过相同的连续性技术获得。迭代的初始点为 $\boldsymbol{z}_0=(\boldsymbol{u}_0, \boldsymbol{v}_0)^{\mathrm{T}}$，其中 $\boldsymbol{u}_0=\boldsymbol{v}_0=\boldsymbol{A}^{\mathrm{T}}\boldsymbol{b}$，而且迭代的终止条件为：

$$\frac{\|\boldsymbol{f}(\boldsymbol{x}_k)-\boldsymbol{f}(\boldsymbol{x}_{k-1})\|}{\|\boldsymbol{f}(\boldsymbol{x}_{k-1})\|}<10^{-5}$$

其中 $\boldsymbol{f}(\boldsymbol{x})=\tau\|\boldsymbol{x}\|_1+\frac{1}{2}\|\boldsymbol{b}-\boldsymbol{A}\boldsymbol{x}\|_2^2$ 是目标函数。

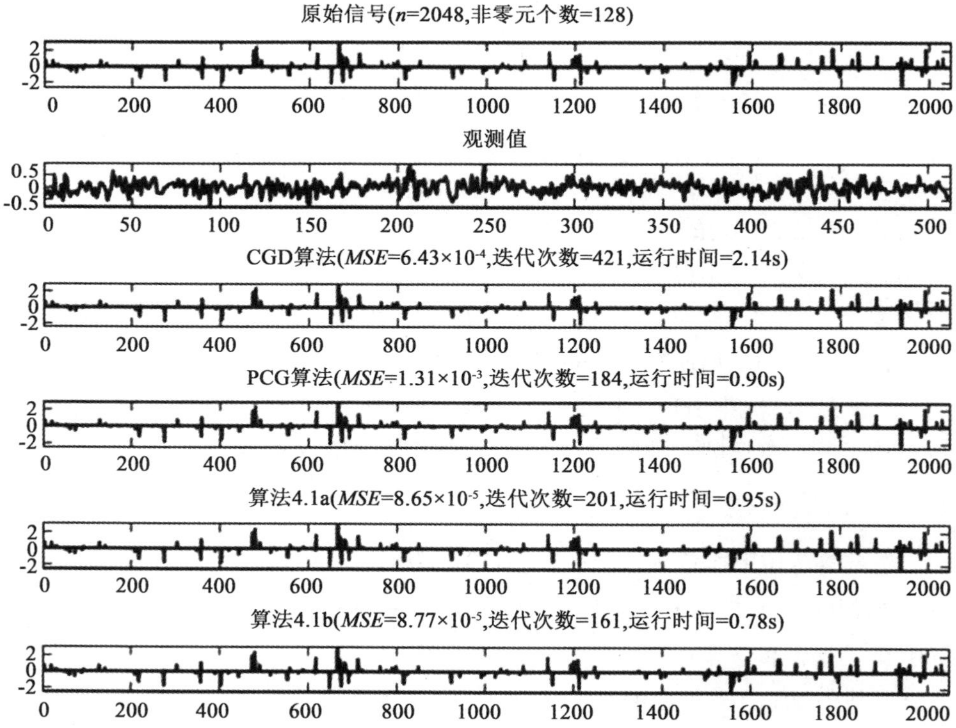

图 4.4　原始信号、观测值、四种算法恢复的信号

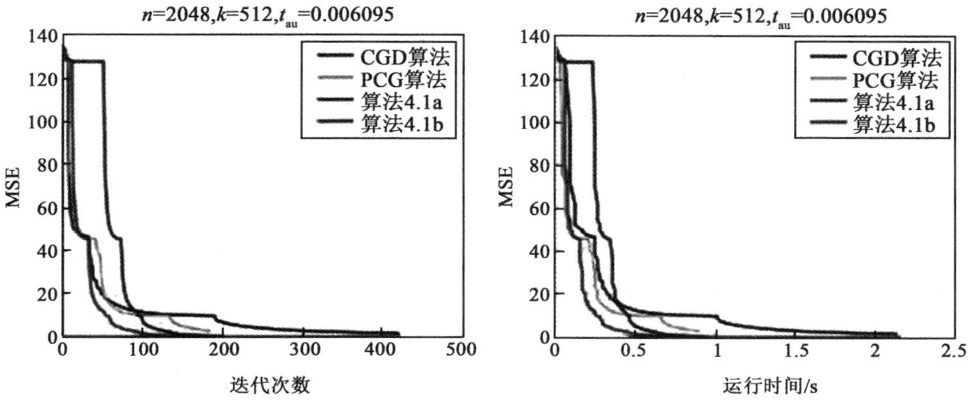

图 4.5　四种算法在 MSE 方面的迭代图和运行时间图

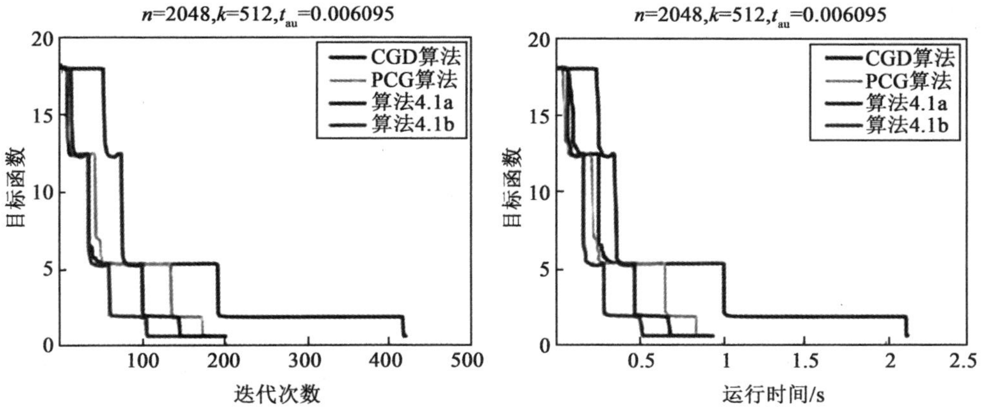

图 4.6　四种算法在目标函数方面的迭代图和运行时间图

图 4.4 显示原始信号 $\boldsymbol{x}_0$、观测值 $\boldsymbol{b}$ 和用四种算法恢复的信号 $\boldsymbol{x}^*$。图 4.5 和图 4.6 显示 MSE 和目标函数值在迭代次数和运行时间上的变化趋势。从图 4.4 中可以观测到原始信号几乎能够准确地从观测值中恢复出来，并且，与 CGD 和 PCG 相比，本章算法需要更少的迭代次数和运行时间。图 4.5 和图 4.6 显示本章算法获得的 MSE 和目标函数值优于 CGD 和 PCG 算法获得的。

表 4.6　四种算法的 10 组压缩感知的数值实验结果和平均结果

	CGD 算法			PCG 算法			算法 4.1a			算法 4.1b		
	MSE	NI	CPU	MSE	NI	CPU	MSE	NI	CPU	MSE	NI	CPU
	3.23×10^{-3}	251	1.40	2.57×10^{-3}	211	1.06	6.53×10^{-4}	192	0.92	6.54×10^{-4}	153	0.73
	1.06×10^{-3}	477	2.45	2.33×10^{-3}	166	0.83	9.35×10^{-4}	148	0.70	9.35×10^{-4}	109	0.53
	1.15×10^{-3}	516	2.70	2.39×10^{-3}	197	0.98	7.07×10^{-4}	178	0.84	7.06×10^{-4}	136	0.69
	1.53×10^{-3}	467	2.34	2.42×10^{-3}	202	0.98	1.09×10^{-3}	181	0.86	1.10×10^{-3}	125	0.62
	1.01×10^{-3}	278	1.56	7.42×10^{-4}	251	1.25	2.03×10^{-4}	174	0.84	2.03×10^{-4}	134	0.64
	1.84×10^{-3}	551	2.82	2.12×10^{-3}	271	1.36	1.30×10^{-3}	178	0.84	1.27×10^{-3}	144	0.69
	6.89×10^{-4}	503	2.53	1.19×10^{-3}	202	1.01	3.66×10^{-4}	174	0.83	3.84×10^{-4}	134	0.66
	3.28×10^{-3}	296	1.51	3.24×10^{-3}	221	1.06	1.07×10^{-3}	202	0.95	1.09×10^{-3}	160	0.76
	6.14×10^{-4}	357	1.76	5.16×10^{-4}	258	1.28	2.27×10^{-4}	165	0.78	2.27×10^{-4}	125	0.61
	1.05×10^{-3}	245	1.25	6.75×10^{-4}	210	1.03	1.66×10^{-4}	170	0.80	1.66×10^{-4}	131	0.61
均值	1.55×10^{-3}	394.1	2.03	1.82×10^{-3}	218.9	1.08	6.72×10^{-4}	176.2	0.84	6.74×10^{-4}	135.1	0.65

为了公平的比较，又额外做了 10 组实验。这 10 组实验的初始点 $\boldsymbol{x}_0$ 由 Matlab 随机产生。数值实验结果放在表 4.6 中。从表 4.6 中可以看出，本章算法比 CGD 和 PCG 拥有更少的迭代次数和运行时间。

4.7 本章小结

在这一章中，提出了两种含有单个自适应参数的三项无导数投影算法。首先，构造了一种含有单个自适应参数的三项共轭梯度法，其自适应参数是通过极小化相关矩阵与 BFGS 迭代矩阵之间的距离获得的。结合投影技术，提出了两种三项无导数投影算法。在恰当的假设条件下，证明了这两种算法的全局收敛性和 R 阶线性收敛。最后，将这两种算法应用于求解大规模含有凸约束的单调非线性方程组和恢复稀疏信号的问题，取得了较好的实验结果。

5 一种涉及谱商参数的高效三项投影算法及应用

5.1 引言

在本章中，讨论求解下面的含有凸约束的非线性单调方程组：

$$\boldsymbol{F}(\boldsymbol{x})=\boldsymbol{0},\ \forall \boldsymbol{x}\in \Omega \tag{5.1}$$

其中 Ω 是 $\mathbf{R}^n$ 中的一个非空闭凸集，$\boldsymbol{F}$：$\mathbf{R}^n\to\mathbf{R}^n$ 是连续的和单调的。单调性意味着

$$\langle \boldsymbol{F}(\boldsymbol{x})-\boldsymbol{F}(\boldsymbol{y}),\ \boldsymbol{x}-\boldsymbol{y}\rangle \geqslant 0,\ \forall \boldsymbol{x},\ \boldsymbol{y}\in \mathbf{R}^n$$

许多高效的方法被提出来求解式(5.1)，其中，基于三项共轭梯度法的一些方法是最常用的方法之一。例如：Xiao 和 Zhu [86]，Wang 等[54]，Gao 和 He[131]，Gao 等[100]，Yin 等[138-140]。其中，一些方法还被应用到恢复稀疏信号中去。

基于 HS 法，Wang 等[54]提出了一种三项共轭梯度法来求解式(5.1)。受 Wang 等的启发，Gao 和 He[131]提出了一种三项共轭梯度法来求解式(5.1)。受 Andrei[77]提出的三项自适应共轭梯度法的启发，Gao 等[100]提出了自适应投影算法来求解式(5.1)。上述方法都满足充分下降性，这使得它们都有非常好的数值实验结果。

最近，通过极小化相关矩阵的最大特征值，Andrei[77]提出了一种自适应三项共轭梯度法。但是，Andrei 仅仅将它应用于求解无约束优化问题。因此，发展该方法求解式(5.1)是非常有意义的。更进一步，Andrei 提出的这个方法有两大弊端：一个是搜索方向不满足充分下降性，另一个是全局收敛性的证明需要一致凸假设。这两个弊端可能导致差的数值实验结果。

在本章中，跟随 Andrei[77] 与 Liu 和 Li[90]，设计出一种含有谱商参数的搜索方向来克服这两个弊端。特别地，其中的参数是由 Dai-Liao 共轭条件获得。借助投影技术，提出了一种三项投影算法来求解式(5.1)。在恰当的假设条件下，

证明了全局收敛性和 R 阶线性收敛。为了更进一步显示它的高效性，把它应用到稀疏信号的恢复中。

5.2 算法

2016 年，Andrei[77]提出了一种含有参数 t_k 的三项共轭梯度法

$$\boldsymbol{d}_{k+1}=-\boldsymbol{g}_{k+1}+\left(\frac{\boldsymbol{g}_{k+1}^{\mathrm{T}}\boldsymbol{y}_k}{\boldsymbol{s}_k^{\mathrm{T}}\boldsymbol{y}_k}-t_k\frac{\boldsymbol{g}_{k+1}^{\mathrm{T}}\boldsymbol{s}_k}{\boldsymbol{s}_k^{\mathrm{T}}\boldsymbol{y}_k}\right)\boldsymbol{s}_k-\frac{\boldsymbol{g}_{k+1}^{\mathrm{T}}\boldsymbol{s}_k}{\boldsymbol{s}_k^{\mathrm{T}}\boldsymbol{y}_k}\boldsymbol{y}_k \tag{5.2}$$

其中 $t_k\geqslant 0$。

在 Wolfe 线搜索下，搜索方向满足下降条件，并且全局收敛性的证明需要一致凸的假设。通过修正参数 $\boldsymbol{y}_k$，Liu 和 Li[90]提出了一种独立于任何线搜索，并且满足充分下降条件的共轭梯度法。受 Andrei[77]与 Liu 和 Li[90]的影响，想要获得一种独立于任何线搜索并且满足充分下降性的搜索方向，在式(5.2)的基础上，有

$$\boldsymbol{d}_{k+1}=-\boldsymbol{g}_{k+1}+\left(\frac{\boldsymbol{g}_{k+1}^{\mathrm{T}}\bar{\boldsymbol{y}}_k}{\boldsymbol{s}_k^{\mathrm{T}}\bar{\boldsymbol{y}}_k}-t_k\frac{\boldsymbol{g}_{k+1}^{\mathrm{T}}\boldsymbol{s}_k}{\boldsymbol{s}_k^{\mathrm{T}}\bar{\boldsymbol{y}}_k}\right)\boldsymbol{s}_k-\frac{\boldsymbol{g}_{k+1}^{\mathrm{T}}\boldsymbol{s}_k}{\boldsymbol{s}_k^{\mathrm{T}}\bar{\boldsymbol{y}}_k}\bar{\boldsymbol{y}}_k \tag{5.3}$$

其中 $\boldsymbol{y}_k=\boldsymbol{g}_{k+1}-\boldsymbol{g}_k$，$\bar{\boldsymbol{y}}_k=\boldsymbol{y}_k+\omega_k\boldsymbol{s}_k$，$\omega_k=1+\max\left\{0,\ -\frac{\boldsymbol{s}_k^{\mathrm{T}}\boldsymbol{y}_k}{\|\boldsymbol{s}_k\|^2}\right\}$，$\|\boldsymbol{s}_k\|=\sqrt{\boldsymbol{s}_k^{\mathrm{T}}\boldsymbol{s}_k}$

借助式(5.3)，构造一种含有谱商的搜索方向，并且具体的搜索方向被设计为

$$\boldsymbol{d}_{k+1}^{\mathrm{new}}=\frac{\boldsymbol{s}_k^{\mathrm{T}}\bar{\boldsymbol{y}}_k}{\|\boldsymbol{s}_k\|^2}\boldsymbol{d}_{k+1} \tag{5.4}$$

式(5.4)能被重新写成如下形式(为了简化后面的推导用 d_{k+1} 来代替 d_{k+1}^{new})：

$$\boldsymbol{d}_{k+1}=-\frac{\boldsymbol{s}_k^{\mathrm{T}}\bar{\boldsymbol{y}}_k}{\|\boldsymbol{s}_k\|^2}\boldsymbol{g}_{k+1}+\left(\frac{\boldsymbol{g}_{k+1}^{\mathrm{T}}\bar{\boldsymbol{y}}_k}{\|\boldsymbol{s}_k\|^2}-t_k\frac{\boldsymbol{g}_{k+1}^{\mathrm{T}}\boldsymbol{s}_k}{\|\boldsymbol{s}_k\|^2}\right)\boldsymbol{s}_k-\frac{\boldsymbol{g}_{k+1}^{\mathrm{T}}\boldsymbol{s}_k}{\|\boldsymbol{s}_k\|^2}\bar{\boldsymbol{y}}_k \tag{5.5}$$

其中，式(5.5)中的参数 t_k 由 Dai-Liao 共轭条件所确定，具体计算如下：

$$\begin{aligned}\boldsymbol{d}_{k+1}^{\mathrm{T}}\bar{\boldsymbol{y}}_k&=\left(-\frac{\boldsymbol{s}_k^{\mathrm{T}}\bar{\boldsymbol{y}}_k}{\|\boldsymbol{s}_k\|^2}\boldsymbol{g}_{k+1}+\left(\frac{\boldsymbol{g}_{k+1}^{\mathrm{T}}\bar{\boldsymbol{y}}_k}{\|\boldsymbol{s}_k\|^2}-t_k\frac{\boldsymbol{g}_{k+1}^{\mathrm{T}}\boldsymbol{s}_k}{\|\boldsymbol{s}_k\|^2}\right)\boldsymbol{s}_k-\frac{\boldsymbol{g}_{k+1}^{\mathrm{T}}\boldsymbol{s}_k}{\|\boldsymbol{s}_k\|^2}\bar{\boldsymbol{y}}_k\right)^{\mathrm{T}}\bar{\boldsymbol{y}}_k\\&=-\frac{\boldsymbol{s}_k^{\mathrm{T}}\bar{\boldsymbol{y}}_k\boldsymbol{g}_{k+1}^{\mathrm{T}}\boldsymbol{s}_k}{\|\boldsymbol{s}_k\|^2}+\frac{\boldsymbol{s}_k^{\mathrm{T}}\bar{\boldsymbol{y}}_k\boldsymbol{g}_{k+1}^{\mathrm{T}}\boldsymbol{s}_k}{\|\boldsymbol{s}_k\|^2}-t_k\frac{\boldsymbol{s}_k^{\mathrm{T}}\bar{\boldsymbol{y}}_k\boldsymbol{g}_{k+1}^{\mathrm{T}}\boldsymbol{s}_k}{\|\boldsymbol{s}_k\|^2}-\frac{\boldsymbol{s}_k^{\mathrm{T}}\bar{\boldsymbol{y}}_k\|\bar{\boldsymbol{y}}_k\|^2}{\|\boldsymbol{s}_k\|^2}\\&=-\left(t_k\frac{\boldsymbol{s}_k^{\mathrm{T}}\bar{\boldsymbol{y}}_k}{\|\boldsymbol{s}_k\|^2}+\frac{\|\bar{\boldsymbol{y}}_k\|^2}{\|\boldsymbol{s}_k\|^2}\right)\boldsymbol{g}_{k+1}^{\mathrm{T}}\boldsymbol{s}_k\end{aligned}$$

设 $t_k \frac{s_k^{\mathrm{T}}\bar{y}_k}{\|s_k\|^2}+\frac{\|\bar{y}_k\|^2}{\|s_k\|^2}=1$，则有

$$t_k=\frac{\|s_k\|^2}{s_k^{\mathrm{T}}\bar{y}_k}-\frac{\|\bar{y}_k\|^2}{s_k^{\mathrm{T}}\bar{y}_k}$$

为了保证 $t_k \geqslant 0$，重新定义 t_k 为

$$t_k=\max\left\{\frac{\|s_k\|^2}{s_k^{\mathrm{T}}\bar{y}_k}-\frac{\|\bar{y}_k\|^2}{s_k^{\mathrm{T}}\bar{y}_k},\ 0\right\}$$

从上述分析中，可以获得如下一种新的搜索方向：

$$d_{k+1}=-\frac{s_k^{\mathrm{T}}\bar{y}_k}{\|s_k\|^2}g_{k+1}+\left(\frac{g_{k+1}^{\mathrm{T}}\bar{y}_k}{\|s_k\|^2}-t_k\frac{g_{k+1}^{\mathrm{T}}s_k}{\|s_k\|^2}\right)s_k-\frac{g_{k+1}^{\mathrm{T}}s_k}{\|s_k\|^2}\bar{y}_k$$

其中，$t_k=\max\left\{\frac{\|s_k\|^2}{s_k^{\mathrm{T}}\bar{y}_k}-\frac{\|\bar{y}_k\|^2}{s_k^{\mathrm{T}}\bar{y}_k},\ 0\right\}$。

更进一步，这不难证明出在没有一致凸假设条件下这种共轭梯度法具有全局收敛性。证明省略。

为了求解式(5.1)，搜索方向可以转化为如下形式：

$$d_{k+1}=-\frac{s_k^{\mathrm{T}}\bar{y}_k}{\|s_k\|^2}F_{k+1}+\left(\frac{F_{k+1}^{\mathrm{T}}\bar{y}_k}{\|s_k\|^2}-t_k\frac{F_{k+1}^{\mathrm{T}}s_k}{\|s_k\|^2}\right)s_k-\frac{F_{k+1}^{\mathrm{T}}s_k}{\|s_k\|^2}\bar{y}_k \tag{5.6}$$

其中

$$\bar{y}_k=y_k+\omega_k s_k$$

$$y_k=F_{k+1}-F_k$$

$$\omega_k=1+\max\left\{0,\ \frac{-s_k^{\mathrm{T}}y_k}{\|s_k\|^2}\right\}$$

$$s_k=x_{k+1}-x_k$$

$$t_k=\max\left\{\frac{\|s_k\|^2}{s_k^{\mathrm{T}}\bar{y}_k}-\frac{\|\bar{y}_k\|^2}{s_k^{\mathrm{T}}\bar{y}_k},\ 0\right\}$$

算法 5.1

步 1：首先给出初始点 $x_0\in\mathbf{R}^n$，$\rho\in(0,1)$，$\sigma\in(0,1)$，$0<\gamma<2$，$k=0$。

步 2：如果 $\|F_k\|=0$，迭代终止，否则，转步 3。

步 3：计算搜索方向 d_k：如果 $k=0$，则 $d_k=-F_k$，否则，d_{k+1} 由式(5.6)计算得到。

步 4：计算 $z_k=x_k+\alpha_k d_k$，$\alpha_k=\rho^m$，m 是满足式(5.7)成立的最小的非负整数。

$$-\boldsymbol{F}(z_k)^{\mathrm{T}}\boldsymbol{d}_k \geqslant \sigma\rho^m \|\boldsymbol{d}_k\|^2 \tag{5.7}$$

步 5：如果 $z_k \in \Omega^*$，则 $\boldsymbol{x}_{k+1}=z_k$，终止。否则

$$\boldsymbol{x}_{k+1}=\boldsymbol{P}_\Omega\left[\boldsymbol{x}_k-\gamma\frac{\boldsymbol{F}(z_k)^{\mathrm{T}}(\boldsymbol{x}_k-z_k)}{\|\boldsymbol{F}(z_k)\|^2}\boldsymbol{F}(z_k)\right]$$

步 6：计算 $\boldsymbol{s}_k=\boldsymbol{x}_{k+1}-\boldsymbol{x}_k$，$\boldsymbol{y}_k=\boldsymbol{F}_{k+1}-\boldsymbol{F}_k$，$\boldsymbol{\omega}_k=1+\max\left\{0,\ \dfrac{-\boldsymbol{s}_k^{\mathrm{T}}\boldsymbol{y}_k}{\|\boldsymbol{s}_k\|^2}\right\}$，$\bar{\boldsymbol{y}}_k=\boldsymbol{y}_k+\boldsymbol{\omega}_k\boldsymbol{s}_k$。

步 7：置 $k=k+1$，转第 2 步。

注释 5.1 借助 $\bar{\boldsymbol{y}}_k$ 的定义可知

$$\boldsymbol{s}_k^{\mathrm{T}}\bar{\boldsymbol{y}}_k=\boldsymbol{s}_k^{\mathrm{T}}(\boldsymbol{y}_k+\omega_k\boldsymbol{s}_k)=\boldsymbol{s}_k^{\mathrm{T}}\boldsymbol{y}_k+\omega_k\|\boldsymbol{s}_k\|^2\geqslant\boldsymbol{s}_k^{\mathrm{T}}\boldsymbol{y}_k+\left(1-\frac{\boldsymbol{s}_k^{\mathrm{T}}\boldsymbol{y}_k}{\|\boldsymbol{s}_k\|^2}\right)\|\boldsymbol{s}_k\|^2=\|\boldsymbol{s}_k\|^2$$

注释 5.2 借助 $\bar{\boldsymbol{y}}_k$ 的定义和(H_2)可知

$$\begin{aligned}\|\bar{\boldsymbol{y}}_k\| &\leqslant \|\boldsymbol{y}_k\|+\left(1+\frac{|\boldsymbol{s}_k^{\mathrm{T}}\boldsymbol{y}_k|}{\|\boldsymbol{s}_k\|^2}\right)\|\boldsymbol{s}_k\|\leqslant\|\boldsymbol{y}_k\|+\left(1+\frac{\|\boldsymbol{s}_k\|\|\boldsymbol{y}_k\|}{\|\boldsymbol{s}_k\|^2}\right)\|\boldsymbol{s}_k\|\\ &=2\|\boldsymbol{y}_k\|+\|\boldsymbol{s}_k\|\leqslant(2L+1)\|\boldsymbol{s}_k\|\end{aligned}$$

5.3 全局收敛性

引理 5.1 假设(H_1)和(H_2)成立，$\{\boldsymbol{x}_k\}$和$\{z_k\}$是由算法 5.1 产生的序列，则有

$$\boldsymbol{F}_{k+1}^{\mathrm{T}}\boldsymbol{d}_{k+1}\leqslant-\|\boldsymbol{F}_{k+1}\|^2 \tag{5.8}$$

证明 由式(5.6)和注释 5.1，有

$$\begin{aligned}\boldsymbol{F}_{k+1}^{\mathrm{T}}\boldsymbol{d}_{k+1}&=\boldsymbol{F}_{k+1}^{\mathrm{T}}\left(-\frac{\boldsymbol{s}_k^{\mathrm{T}}\bar{\boldsymbol{y}}_k}{\|\boldsymbol{s}_k\|^2}\boldsymbol{F}_{k+1}+\left(\frac{\boldsymbol{F}_{k+1}^{\mathrm{T}}\bar{\boldsymbol{y}}_k}{\|\boldsymbol{s}_k\|^2}-t_k\frac{\boldsymbol{F}_{k+1}^{\mathrm{T}}\boldsymbol{s}_k}{\|\boldsymbol{s}_k\|^2}\right)\boldsymbol{s}_k-\frac{\boldsymbol{F}_{k+1}^{\mathrm{T}}\boldsymbol{s}_k}{\|\boldsymbol{s}_k\|^2}\bar{\boldsymbol{y}}_k\right)\\
&=-\frac{\boldsymbol{s}_k^{\mathrm{T}}\bar{\boldsymbol{y}}_k}{\|\boldsymbol{s}_k\|^2}\|\boldsymbol{F}_{k+1}\|^2+\frac{\boldsymbol{F}_{k+1}^{\mathrm{T}}\bar{\boldsymbol{y}}_k\boldsymbol{F}_{k+1}^{\mathrm{T}}\boldsymbol{s}_k}{\|\boldsymbol{s}_k\|^2}-t_k\frac{(\boldsymbol{F}_{k+1}^{\mathrm{T}}\boldsymbol{s}_k)^2}{\|\boldsymbol{s}_k\|^2}-\frac{\boldsymbol{F}_{k+1}^{\mathrm{T}}\bar{\boldsymbol{y}}_k\boldsymbol{F}_{k+1}^{\mathrm{T}}\boldsymbol{s}_k}{\|\boldsymbol{s}_k\|^2}\\
&=-\frac{\boldsymbol{s}_k^{\mathrm{T}}\bar{\boldsymbol{y}}_k}{\|\boldsymbol{s}_k\|^2}\|\boldsymbol{F}_{k+1}\|^2-t_k\frac{(\boldsymbol{F}_{k+1}^{\mathrm{T}}\boldsymbol{s}_k)^2}{\|\boldsymbol{s}_k\|^2}\\
&\leqslant-\frac{\boldsymbol{s}_k^{\mathrm{T}}\bar{\boldsymbol{y}}_k}{\|\boldsymbol{s}_k\|^2}\|\boldsymbol{F}_{k+1}\|^2\\
&\leqslant-\|\boldsymbol{F}_{k+1}\|^2\end{aligned}$$

注释 5.3 由式(5.8)和 Cauchy-Schwarz 不等式，有

$$\|\boldsymbol{F}_{k+1}\|\|\boldsymbol{d}_{k+1}\|\geqslant|\boldsymbol{F}_{k+1}^{\mathrm{T}}\boldsymbol{d}_{k+1}|\geqslant\|\boldsymbol{F}_{k+1}\|^2 \tag{5.9}$$

化简式(5.9)，可得

$$\| \boldsymbol{F}_{k+1} \| \leqslant \| \boldsymbol{d}_{k+1} \| \tag{5.10}$$

引理 5.2 假设(H_1)和(H_2)成立，$\{\boldsymbol{x}_k\}$和$\{\boldsymbol{z}_k\}$是由算法 5.1 产生的序列，则搜索方向 $\boldsymbol{d}_k$ 满足

$$\| \boldsymbol{d}_k \| \leqslant A \| \boldsymbol{F}_k \|$$

其中 $A=4L^2+10L+5$。

证明 由线搜索和式(5.6)，注释 5.1 和 5.2，有

$$\begin{aligned}
\| \boldsymbol{d}_{k+1} \| &\leqslant \frac{\boldsymbol{s}_k^{\mathrm{T}} \bar{\boldsymbol{y}}_k}{\| \boldsymbol{s}_k \|^2} \| \boldsymbol{F}_{k+1} \| + \frac{| \boldsymbol{F}_{k+1}^{\mathrm{T}} \bar{\boldsymbol{y}}_k |}{\| \boldsymbol{s}_k \|^2} \| \boldsymbol{s}_k \| \\
&\quad + \left(\frac{\| \boldsymbol{s}_k \|^2}{\boldsymbol{s}_k^{\mathrm{T}} \bar{\boldsymbol{y}}_k} + \frac{\| \bar{\boldsymbol{y}}_k \|^2}{\boldsymbol{s}_k^{\mathrm{T}} \bar{\boldsymbol{y}}_k} \right) \frac{| \boldsymbol{F}_{k+1}^{\mathrm{T}} \boldsymbol{s}_k |}{\| \boldsymbol{s}_k \|^2} \| \boldsymbol{s}_k \| + \frac{| \boldsymbol{F}_{k+1}^{\mathrm{T}} \boldsymbol{s}_k |}{\| \boldsymbol{s}_k \|^2} \| \bar{\boldsymbol{y}}_k \| \\
&\leqslant \frac{3 \| \bar{\boldsymbol{y}}_k \|}{\| \boldsymbol{s}_k \|} \| \boldsymbol{F}_{k+1} \| + \left(\frac{\| \boldsymbol{s}_k \|^2}{\boldsymbol{s}_k^{\mathrm{T}} \bar{\boldsymbol{y}}_k} + \frac{\| \bar{\boldsymbol{y}}_k \|^2}{\boldsymbol{s}_k^{\mathrm{T}} \bar{\boldsymbol{y}}_k} \right) \| \boldsymbol{F}_{k+1} \| \\
&\leqslant 3(2L+1) \| \boldsymbol{F}_{k+1} \| + [1+(2L+1)^2] \| \boldsymbol{F}_{k+1} \| \\
&= (4L^2+10L+5) \| \boldsymbol{F}_{k+1} \|
\end{aligned} \tag{5.11}$$

注释 5.4 结合注释 5.1，有

$$\| \boldsymbol{F}_{k+1} \| \leqslant \| \boldsymbol{d}_{k+1} \| \leqslant (4L^2+10L+5) \| \boldsymbol{F}_{k+1} \|$$

引理 5.3 假设(H_1)和(H_2)成立，序列$\{\boldsymbol{x}_k\}$由算法 5.1 产生，则 $\boldsymbol{F}(\boldsymbol{z}_k)$是函数$\| \boldsymbol{x}-\boldsymbol{x}^* \|^2$在 $\boldsymbol{x}^*$ 处的一个上升方向，其中 $\boldsymbol{x}^* \in \Omega^*$。

证明 借助线搜索和 $\boldsymbol{z}_k=\boldsymbol{x}_k+\alpha_k \boldsymbol{d}_k$，有

$$(\boldsymbol{x}_k-\boldsymbol{z}_k)^{\mathrm{T}} \boldsymbol{F}(\boldsymbol{z}_k) = -\alpha_k \boldsymbol{F}^{\mathrm{T}}(\boldsymbol{z}_k) \boldsymbol{d}_k \geqslant \sigma \alpha_k^2 \| \boldsymbol{F}(\boldsymbol{z}_k) \| \| \boldsymbol{d}_k \|^2 \geqslant 0$$

通过结合(H_2)，有

$$\begin{aligned}
(\boldsymbol{x}_k-\boldsymbol{x}^*)^{\mathrm{T}} \boldsymbol{F}(\boldsymbol{z}_k) &= (\boldsymbol{x}_k-\boldsymbol{z}_k)^{\mathrm{T}} \boldsymbol{F}(\boldsymbol{z}_k) + (\boldsymbol{z}_k-\boldsymbol{x}^*)^{\mathrm{T}} \boldsymbol{F}(\boldsymbol{z}_k) \\
&\geqslant (\boldsymbol{x}_k-\boldsymbol{z}_k)^{\mathrm{T}} \boldsymbol{F}(\boldsymbol{z}_k) + (\boldsymbol{z}_k-\boldsymbol{x}^*)^{\mathrm{T}} \boldsymbol{F}(\boldsymbol{x}^*) \\
&= (\boldsymbol{x}_k-\boldsymbol{z}_k)^{\mathrm{T}} \boldsymbol{F}(\boldsymbol{z}_k) \\
&\geqslant \sigma \alpha_k^2 \| \boldsymbol{F}(\boldsymbol{z}_k) \| \| \boldsymbol{d}_k \|^2
\end{aligned}$$

这就意味着 $\boldsymbol{F}(\boldsymbol{z}_k)$是函数$\| \boldsymbol{x}-\boldsymbol{x}^* \|^2$在 $\boldsymbol{x}^*$ 处的一个上升方向。

引理 5.4 假设(H_1)和(H_2)成立，序列$\{\boldsymbol{x}_k\}$由算法 5.1 产生，则$\forall \boldsymbol{x}^* \in \Omega^*$

$$\| \boldsymbol{x}_{k+1}-\boldsymbol{x}^* \|^2 \leqslant \| \boldsymbol{x}_k-\boldsymbol{x}^* \|^2 - \gamma(2-\gamma)\sigma^2 \| \boldsymbol{x}_k-\boldsymbol{z}_k \|^4 \tag{5.12}$$

并且序列$\{\boldsymbol{x}_k\}$和序列$\{\boldsymbol{z}_k\}$都有界。更进一步，有

$$\lim_{k\to\infty}\alpha_k \parallel \boldsymbol{d}_k \parallel =0$$

证明 由 $\boldsymbol{F}$ 的单调性可知

$$[\boldsymbol{F}(\boldsymbol{z}_k)-\boldsymbol{F}(\boldsymbol{x}^*)]^{\mathrm{T}}(\boldsymbol{x}_k-\boldsymbol{x}^*)-[\boldsymbol{F}(\boldsymbol{z}_k)-\boldsymbol{F}(\boldsymbol{x}^*)]^{\mathrm{T}}(\boldsymbol{x}_k-\boldsymbol{z}_k)$$
$$=[\boldsymbol{F}(\boldsymbol{z}_k)-\boldsymbol{F}(\boldsymbol{x}^*)]^{\mathrm{T}}(\boldsymbol{z}_k-\boldsymbol{x}^*)\geqslant 0$$

结合式(5.7)，有

$$[\boldsymbol{F}(\boldsymbol{z}_k)-\boldsymbol{F}(\boldsymbol{x}^*)]^{\mathrm{T}}(\boldsymbol{x}_k-\boldsymbol{z}_k)=\boldsymbol{F}(\boldsymbol{z}_k)^{\mathrm{T}}(-\alpha_k\boldsymbol{d}_k)\geqslant\sigma\alpha_k^2\parallel\boldsymbol{F}(\boldsymbol{z}_k)\parallel\parallel\boldsymbol{d}_k\parallel^2\geqslant 0$$

$\forall \boldsymbol{x}^*\in\Omega^*$，从算法 5.1 的第 4 步可知

$$\begin{aligned}
\parallel \boldsymbol{x}_{k+1}-\boldsymbol{x}^*\parallel^2 &= \parallel \boldsymbol{P}_\Omega[\boldsymbol{x}_k-\gamma\xi_k\boldsymbol{F}(\boldsymbol{z}_k)]-\boldsymbol{P}_\Omega(\boldsymbol{x}^*)\parallel^2\\
&\leqslant \parallel \boldsymbol{x}_k-\gamma\xi_k\boldsymbol{F}(\boldsymbol{z}_k)-\boldsymbol{x}^*\parallel^2\\
&= \parallel \boldsymbol{x}_k-\boldsymbol{x}^*\parallel^2-2\gamma\xi_k(\boldsymbol{x}_k-\boldsymbol{x}^*)^{\mathrm{T}}\boldsymbol{F}(\boldsymbol{z}_k)+\gamma^2\xi_k^2\parallel\boldsymbol{F}(\boldsymbol{z}_k)\parallel^2\\
&\leqslant \parallel \boldsymbol{x}_k-\boldsymbol{x}^*\parallel^2-2\gamma\frac{[(\boldsymbol{x}_k-\boldsymbol{z}_k)^{\mathrm{T}}\boldsymbol{F}(\boldsymbol{z}_k)]^2}{\parallel\boldsymbol{F}(\boldsymbol{z}_k)\parallel^2}+\gamma^2\frac{[(\boldsymbol{x}_k-\boldsymbol{z}_k)^{\mathrm{T}}\boldsymbol{F}(\boldsymbol{z}_k)]^2}{\parallel\boldsymbol{F}(\boldsymbol{z}_k)\parallel^2}\\
&= \parallel \boldsymbol{x}_k-\boldsymbol{x}^*\parallel^2-\gamma(2-\gamma)\frac{[(\boldsymbol{x}_k-\boldsymbol{z}_k)^{\mathrm{T}}\boldsymbol{F}(\boldsymbol{z}_k)]^2}{\parallel\boldsymbol{F}(\boldsymbol{z}_k)\parallel^2}\\
&\leqslant \parallel \boldsymbol{x}_k-\boldsymbol{x}^*\parallel^2-\gamma(2-\gamma)\sigma^2\alpha_k^4\boldsymbol{d}_k^4\\
&= \parallel \boldsymbol{x}_k-\boldsymbol{x}^*\parallel^2-\gamma(2-\gamma)\sigma^2\parallel\boldsymbol{x}_k-\boldsymbol{z}_k\parallel^4
\end{aligned}$$

由于 $0<\gamma<2$，很容易得到

$$\gamma(2-\gamma)\sigma^2\parallel\boldsymbol{x}_k-\boldsymbol{z}_k\parallel^4\geqslant 0$$

因此，序列$\{\parallel\boldsymbol{x}_k-\boldsymbol{x}^*\parallel\}$是下降的，并且序列$\{\boldsymbol{x}_k\}$是有界的。

由于 $\boldsymbol{F}$ 是单调的，借助 Cauchy-Schwarz 不等式和线搜索，有

$$\parallel\boldsymbol{F}(\boldsymbol{z}_k)\parallel\parallel\boldsymbol{x}_k-\boldsymbol{z}_k\parallel\geqslant\boldsymbol{F}(\boldsymbol{z}_k)^{\mathrm{T}}(\boldsymbol{x}_k-\boldsymbol{z}_k)\geqslant$$
$$\sigma\alpha_k^2\parallel\boldsymbol{F}(\boldsymbol{z}_k)\parallel\parallel\boldsymbol{d}_k\parallel^2=\sigma\parallel\boldsymbol{F}(\boldsymbol{z}_k)\parallel\parallel\boldsymbol{x}_k-\boldsymbol{z}_k\parallel^2$$

然后，有 $\sigma\parallel\boldsymbol{x}_k-\boldsymbol{z}_k\parallel\leqslant 1$，这就意味着序列$\{\boldsymbol{z}_k\}$是有界的。

另外，结合$\parallel\boldsymbol{x}-\boldsymbol{x}^*\parallel$的下降性和式(5.12)，有

$$\gamma(2-\gamma)\sigma^2\parallel\boldsymbol{x}_k-\boldsymbol{z}_k\parallel^4\leqslant\parallel\boldsymbol{x}-\boldsymbol{x}^*\parallel^2-\parallel\boldsymbol{x}_{k+1}-\boldsymbol{x}^*\parallel^2$$

通过叠加 $k=0, 1, 2, \cdots$，有

$$\gamma(2-\gamma)\sigma^2\sum_{i=0}^{\infty}\parallel\boldsymbol{x}_k-\boldsymbol{z}_k\parallel^4\leqslant\sum_{i=0}^{\infty}(\parallel\boldsymbol{x}_k-\boldsymbol{x}^*\parallel^2-\parallel\boldsymbol{x}_{k+1}-\boldsymbol{x}^*\parallel^2)\leqslant\parallel\boldsymbol{x}_0-\boldsymbol{x}^*\parallel^2<\infty$$

这就意味着$\lim\limits_{k\to\infty}\parallel\boldsymbol{x}_k-\boldsymbol{z}_k\parallel=0$。

因此，由 $\boldsymbol{z}_k=\boldsymbol{x}_k+\alpha_k\boldsymbol{d}_k$，有$\lim\limits_{k\to\infty}\alpha_k\parallel\boldsymbol{d}_k\parallel=0$。证明完毕。

借助(H_2)，序列$\{\boldsymbol{F}_k\}$和$\{\boldsymbol{F}(\boldsymbol{z}_k)\}$是有界的，这就意味着$\parallel\boldsymbol{F}(\boldsymbol{x}_k+\rho^{-1}\alpha_k\boldsymbol{d}_k)\parallel$

和序列$\{\boldsymbol{d}_k\}$是有界的。于是，令

$$\|\boldsymbol{F}(\boldsymbol{x}_k+\rho^{-1}\alpha_k\boldsymbol{d}_k)\| \leqslant M$$

其中$M>0$是一个常数。

引理 5.5 假设(H_1)和(H_2)成立，序列$\{\boldsymbol{x}_k\}$由算法 5.1 产生，则有

$$\alpha_k \geqslant \rho\min\left\{1,\ \frac{\|\boldsymbol{F}_k\|^2}{(L+M\sigma)\|\boldsymbol{d}_k\|^2}\right\}$$

更进一步

$$\alpha_k \geqslant \rho\min\left\{1,\ \frac{1}{(L+M\sigma)A^2}\right\}$$

证明 由线搜索可知，如果$\alpha_k\neq\rho$，则$\rho^{-1}\alpha_k$不满足线搜索。则可得到

$$-\boldsymbol{F}(\boldsymbol{x}_k+\rho^{-1}\alpha_k\boldsymbol{d}_k)^{\mathrm{T}}\boldsymbol{d}_k<\sigma\rho^{-1}\alpha_k\|\boldsymbol{F}(\boldsymbol{x}_k+\rho^{-1}\alpha_k\boldsymbol{d}_k)\|\|\boldsymbol{d}_k\|^2 \tag{5.13}$$

结合(H_2)和式(5.13)，有

$$\begin{aligned}\|\boldsymbol{F}(\boldsymbol{x}_k)\|^2&=-\boldsymbol{F}(\boldsymbol{x}_k)^{\mathrm{T}}\boldsymbol{d}_k\\&=[\boldsymbol{F}(\boldsymbol{x}_k+\rho^{-1}\alpha_k\boldsymbol{d}_k)^{\mathrm{T}}\boldsymbol{d}_k-\boldsymbol{F}(\boldsymbol{x}_k)^{\mathrm{T}}\boldsymbol{d}_k]-\boldsymbol{F}(\boldsymbol{x}_k+\rho^{-1}\alpha_k\boldsymbol{d}_k)^{\mathrm{T}}\boldsymbol{d}_k\\&\leqslant L\rho^{-1}\alpha_k\|\boldsymbol{d}_k\|^2+\sigma\rho^{-1}\alpha_k M\|\boldsymbol{d}_k\|^2\end{aligned}$$

这就意味着

$$\alpha_k \geqslant \rho\min\left\{1,\ \frac{\|\boldsymbol{F}_k\|^2}{(L+M\sigma)\|\boldsymbol{d}_k\|^2}\right\} \tag{5.14}$$

结合式(5.14)和引理 5.2，可知

$$\alpha_k \geqslant \rho\min\left\{1,\ \frac{\|\boldsymbol{F}_k\|^2}{(L+M\sigma)\|\boldsymbol{d}_k\|^2}\right\} \geqslant \rho\min\left\{1,\ \frac{1}{(L+M\sigma)A^2}\right\}$$

证明完毕。

定理 5.1 假设(H_1)和(H_2)成立，序列$\{\boldsymbol{x}_k\}$由算法 5.1 产生，则有$\lim\limits_{k\to\infty}\|\boldsymbol{F}_k\|=0$。

证明 如果结论不正确，则存在一个常数$\varepsilon>0$，使得

$$\|\boldsymbol{F}_k\| \geqslant \varepsilon,\ \forall k\geqslant 0 \tag{5.15}$$

结合式(5.10)和式(5.15)，有

$$\|\boldsymbol{d}_k\| \geqslant \|\boldsymbol{F}_k\| \geqslant \varepsilon,\ \forall k\geqslant 0$$

借助引理 5.4，可知

$$\lim_{k\to\infty}\alpha_k=0$$

这与引理 5.5 矛盾，定理得证。

5.4 R 阶线性收敛

这一节主要讨论算法 5.1 的 R 阶线性收敛。从定理 5.1 可知，序列$\{\boldsymbol{x}_k\}$收敛到方程组的解。因此，总假设$\lim\limits_{k\to\infty}\boldsymbol{x}_k=\bar{\boldsymbol{x}}$，$\bar{\boldsymbol{x}}\in\Omega^*$。

定理 5.2 假设$(H_1)-(H_3)$成立，并且序列$\{\boldsymbol{x}_k\}$是由算法 5.1 产生，则序列$\{\mathrm{dist}(\boldsymbol{x},\ \Omega^*)\}$是 Q-线性收敛到 0，从而序列$\{\boldsymbol{x}_k\}$是 R 阶线性收敛到$\bar{\boldsymbol{x}}$。

证明 设

$$\boldsymbol{\nu}_k=\operatorname{argmin}\{\ \|\boldsymbol{x}_k-\boldsymbol{\nu}\|:\boldsymbol{\nu}\in\Omega^*\},\ \text{即}\ \|\boldsymbol{x}_k-\boldsymbol{\nu}\|=\mathrm{dist}(\boldsymbol{x}_k,\ \Omega^*)$$

从引理 5.4 的证明可知

$$\|\boldsymbol{x}_{k+1}-\boldsymbol{x}^*\|\leqslant\|\boldsymbol{x}_k-\boldsymbol{x}^*\|^2-\gamma(2-\gamma)\frac{[(\boldsymbol{x}_k-z_k)^{\mathrm{T}}\boldsymbol{F}(z_k)]^2}{\|\boldsymbol{F}(z_k)\|^2}\tag{5.16}$$

由于$\boldsymbol{\nu}_k\in\Omega^*$，由式(5.12)、$(H_3)$和式(5.16)，不难得到

$$\begin{aligned}\mathrm{dist}(\boldsymbol{x}_{k+1},\ \Omega^*)^2&\leqslant\|\boldsymbol{x}_{k+1}-\boldsymbol{\nu}_k\|^2\\&\leqslant\|\boldsymbol{x}_k-\boldsymbol{\nu}_k\|^2-\gamma(\gamma-2)\frac{[(\boldsymbol{x}_k-z_k)^{\mathrm{T}}\boldsymbol{F}(z_k)]^2}{\|\boldsymbol{F}(z_k)\|^2}\\&=\mathrm{dist}(\boldsymbol{x}_k,\ \Omega^*)^2-\gamma(\gamma-2)\frac{[(\boldsymbol{x}_k-z_k)^{\mathrm{T}}\boldsymbol{F}(z_k)]^2}{\|\boldsymbol{F}(z_k)\|^2}\\&=\mathrm{dist}(\boldsymbol{x}_k,\ \Omega^*)^2-\gamma(\gamma-2)c\alpha_k^2\|\boldsymbol{d}_k\|^2\\&\leqslant\mathrm{dist}(\boldsymbol{x}_k,\ \Omega^*)^2-\gamma(\gamma-2)c\alpha_k^2\|\boldsymbol{F}_k\|^2\\&\leqslant\mathrm{dist}(\boldsymbol{x}_k,\ \Omega^*)^2-\gamma(\gamma-2)c\mu^2\alpha_k^2\,\mathrm{dist}(\boldsymbol{x}_k,\ \Omega^*)^2\\&=[1-\gamma(2-\gamma)c\mu^2\alpha_k^2]\,\mathrm{dist}(\boldsymbol{x}_k,\ \Omega^*)^2\end{aligned}$$

其中$c=\cos^2\angle(\boldsymbol{F}(z_k),\ \boldsymbol{x}_k-z_k)$。

由于$\gamma(2-\gamma)\in(0,\ 1)$，$\mu\in(0,\ 1)$，$c\in(0,\ 1)$和$\alpha_k\in(0,\ 1)$，可得$[1-\gamma(2-\gamma)c\mu^2\alpha_k^2]\in(0,\ 1)$。因此，序列$\{\mathrm{dist}(\boldsymbol{x}_k,\ \Omega^*)\}$是 Q-线性收敛到 0，所以，序列$\{\boldsymbol{x}_k\}$是 R 阶线性收敛到$\bar{\boldsymbol{x}}$。命题得证。

5.5 数值实验

在这个部分，通过比较相关算法 TTDFP[141]，递呈数值结果来显示本章算法在 NI，NF 和 CPU 方面的性能。其中“NI”和“NF”分别代表算法的迭代次数

和函数值的迭代次数。设置算法 5.1 中的参数为 $\gamma=1$，$\rho=\frac{2}{5}$，$\sigma=10^{-4}$。比较算法 TTDFP 中的参数来源于原参考文献。算法 5.1 的终止条件为 $\|\boldsymbol{F}_k\|\leqslant 10^{-5}$ 或 $\|\boldsymbol{F}(z_k)\|\leqslant 10^{-5}$。算法编译在 Matlab R2010a 中，运行在具有 2.30 GHz 的 CPU 处理器和 2.00 GB 内存的计算机上。

测试函数选择如下：

测试函数 5.1：这个测试函数来自文献[131]，映射 $\boldsymbol{F}$ 表述为 $\boldsymbol{F}(\boldsymbol{x})=[f_1(\boldsymbol{x}), f_2(\boldsymbol{x}), \cdots, f_n(\boldsymbol{x})]^{\mathrm{T}}$，$\boldsymbol{F}(\boldsymbol{x})$：$\mathbf{R}^n\to\mathbf{R}^n$ 且

$$f_i(\boldsymbol{x})=\boldsymbol{x}_i-\sin(|\boldsymbol{x}_i|-1),\ i=1,\ 2,\ \cdots,\ n$$

其中 $\Omega=\{\boldsymbol{x}\in\mathbf{R}^n: \sum_{i=1}^{n}\boldsymbol{x}_i\leqslant n,\ \boldsymbol{x}_i\geqslant -1,\ i=2,\ 3,\ \cdots,\ n\}$。

测试函数 5.2：这个测试函数来自文献[110]，映射 $\boldsymbol{F}$ 表述为 $\boldsymbol{F}(\boldsymbol{x})=[f_1(\boldsymbol{x}), f_2(\boldsymbol{x}), \cdots, f_n(\boldsymbol{x})]^{\mathrm{T}}$，$\boldsymbol{F}(\boldsymbol{x})$：$\mathbf{R}^n\to\mathbf{R}^n$ 且

$$f_i(\boldsymbol{x})=\mathrm{e}^{x_i}-1,\ i=1,\ 2,\ 3,\ \cdots,\ n$$

其中 $\Omega=\mathbf{R}_+^n$。

测试函数 5.3：这个测试函数来自文献[117]，映射 $\boldsymbol{F}$ 表述为 $\boldsymbol{F}(\boldsymbol{x})=[f_1(\boldsymbol{x}), f_2(\boldsymbol{x}), \cdots, f_n(\boldsymbol{x})]^{\mathrm{T}}$，$\boldsymbol{F}(\boldsymbol{x})$：$\mathbf{R}^n\to\mathbf{R}^n$ 且

$$f_i(\boldsymbol{x})=2\boldsymbol{x}_i-\sin\boldsymbol{x}_i,\ i=1,\ 2,\ 3,\ \cdots,\ n$$

其中 $\Omega=\mathbf{R}_+^n$。

测试函数 5.4：这个测试函数来自文献[131]，映射 $\boldsymbol{F}$ 表述为 $\boldsymbol{F}(\boldsymbol{x})=[f_1(\boldsymbol{x}), f_2(\boldsymbol{x}), \cdots, f_n(\boldsymbol{x})]^{\mathrm{T}}$，$\boldsymbol{F}(\boldsymbol{x})$：$\mathbf{R}^n\to\mathbf{R}^n$ 且

$$f_i(\boldsymbol{x})=(\exp\boldsymbol{x}_i)^2+3\sin\boldsymbol{x}_i\cos\boldsymbol{x}_i-1,\ i=1,\ 2,\ \cdots,\ n$$

其中 $\Omega=\mathbf{R}_+^n$。

针对测试函数 5.1、5.2 和 5.3，选择如下的初始点：

$$\boldsymbol{X}_1=[0.1,\ 0.1,\ \cdots,\ 0.1]^{\mathrm{T}}$$

$$\boldsymbol{X}_2=\left[\frac{1}{2},\ \frac{1}{2^2},\ \cdots,\ \frac{1}{2^n}\right]^{\mathrm{T}}$$

$$\boldsymbol{X}_3=\left[\frac{1}{n},\ \frac{2}{n},\ \cdots,\ 1\right]^{\mathrm{T}}$$

$$\boldsymbol{X}_4=\left[\frac{1}{3},\ \frac{1}{3},\ \cdots,\ \frac{1}{3}\right]^{\mathrm{T}}$$

$$\boldsymbol{X}_5=[1,\ 1,\ \cdots,\ 1]^{\mathrm{T}}$$

针对测试函数 5.1、5.2 和 5.3，考虑维数从 $n=3000$，10000，50000，80000，200000。具体的数值实验结果显示在表 5.1 至表 5.3 中。

针对测试函数 5.4，维数选择为 $n=8000$，50000，100000，并且初始点选择为：

$$X_1=[0.1,\ 0.1,\ \cdots,\ 0.1]^{\mathrm{T}}$$

$$X_2=\left[\frac{1}{2},\ \frac{1}{2^2},\ \cdots,\ \frac{1}{2^n}\right]^{\mathrm{T}}$$

$$X_3=\left[\frac{1}{n},\ \frac{2}{n},\ \cdots,\ 1\right]^{\mathrm{T}}$$

$$X_4=\left[\frac{1}{3},\ \frac{1}{3^2},\ \cdots,\ \frac{1}{3^n}\right]^{\mathrm{T}}$$

$$X_5=[1,\ 1,\ \cdots,\ 1]^{\mathrm{T}}$$

$$X_6=\left[1,\ \frac{1}{2^2},\ \cdots,\ \frac{1}{n^2}\right]^{\mathrm{T}}$$

$$X_7=\left[1-\frac{1}{n},\ 1-\frac{2}{n},\ \cdots,\ \frac{1}{n},\ 0\right]^{\mathrm{T}}$$

$$X_8=\left[\frac{1}{5},\ \frac{1}{5^2},\ \cdots,\ \frac{1}{5^n}\right]^{\mathrm{T}}$$

$$X_9=\left[1,\ \frac{1}{2},\ \cdots,\ \frac{1}{n}\right]^{\mathrm{T}}$$

$$X_{10}=[10,\ 10,\ \cdots,\ 10]^{\mathrm{T}}$$

数值实验结果放在表 5.4 中。

针对测试函数 5.1 至 5.4，也做了很多实验，初始点是由区间(0，1)随机产生的。具体的数值实验结果在表 5.5 中呈现。

表 5.1　两种算法处理测试函数 5.1 的数值实验结果

初始点	Dim	TTDFP 算法				算法 5.1			
		NI	NF	CPU	FV	NI	NF	CPU	FV
X_1	3000	27	54	0.01	7.31×10^{-6}	10	20	0.01	1.58×10^{-6}
	10000	28	56	0.02	7.46×10^{-6}	10	20	0.02	2.88×10^{-6}
	50000	29	58	0.06	9.32×10^{-6}	10	20	0.03	6.45×10^{-6}

表 5.1(续)

初始点	Dim	TTDFP 算法				算法 5.1			
		NI	NF	CPU	FV	NI	NF	CPU	FV
$\boldsymbol{X}_1$	80000	30	60	0.10	6.59×10^{-6}	10	20	0.04	8.16×10^{-6}
	200000	31	62	0.33	5.83×10^{-6}	11	22	0.16	1.80×10^{-6}
$\boldsymbol{X}_2$	3000	26	52	0.02	8.20×10^{-6}	9	18	0.01	4.53×10^{-6}
	10000	27	54	0.03	8.31×10^{-6}	9	18	0.02	7.73×10^{-6}
	50000	29	58	0.06	5.79×10^{-6}	10	20	0.04	2.35×10^{-6}
	80000	29	58	0.09	7.33×10^{-6}	10	20	0.05	2.19×10^{-6}
	200000	30	60	0.36	6.47×10^{-6}	10	20	0.15	4.67×10^{-6}
$\boldsymbol{X}_3$	3000	30	59	0.02	9.71×10^{-6}	12	21	0.01	5.61×10^{-6}
	10000	31	61	0.03	9.91×10^{-6}	13	23	0.02	1.43×10^{-6}
	50000	33	65	0.07	6.93×10^{-6}	13	23	0.03	3.20×10^{-6}
	80000	33	65	0.11	8.76×10^{-6}	13	23	0.05	4.05×10^{-6}
	200000	34	67	0.41	7.74×10^{-6}	13	23	0.16	6.41×10^{-6}
$\boldsymbol{X}_4$	3000	27	54	0.02	8.69×10^{-6}	10	20	0.01	8.56×10^{-6}
	10000	28	56	0.03	8.86×10^{-6}	11	22	0.02	2.18×10^{-6}
	50000	30	60	0.06	6.19×10^{-6}	11	22	0.04	4.88×10^{-6}
	80000	30	60	0.09	7.83×10^{-6}	11	22	0.05	6.17×10^{-6}
	200000	31	62	0.33	6.92×10^{-6}	11	22	0.15	9.75×10^{-6}
$\boldsymbol{X}_5$	3000	27	54	0.02	8.83×10^{-6}	10	18	0.01	2.38×10^{-6}
	10000	28	56	0.03	9.02×10^{-6}	10	18	0.02	4.34×10^{-6}
	50000	30	60	0.06	6.30×10^{-6}	10	18	0.03	9.70×10^{-6}
	80000	30	60	0.08	7.97×10^{-6}	11	20	0.05	1.72×10^{-6}
	200000	31	62	0.35	7.04×10^{-6}	11	20	0.13	2.71×10^{-6}

表 5.2　两种算法处理测试函数 5.2 的数值实验结果

初始点	Dim	TTDFP 算法				算法 5.1			
		NI	NF	CPU	FV	NI	NF	CPU	FV
$\boldsymbol{X}_1$	3000	15	16	0.01	9.05×10^{-6}	9	10	0.01	5.22×10^{-6}
	10000	16	17	0.03	6.64×10^{-6}	9	10	0.02	9.52×10^{-6}

表 5.2(续)

初始点	Dim	TTDFP 算法				算法 5.1			
		NI	NF	CPU	FV	NI	NF	CPU	FV
$\boldsymbol{X}_1$	50000	17	18	0.08	5.97×10^{-6}	10	11	0.05	4.26×10^{-6}
	80000	17	18	0.12	7.55×10^{-6}	10	11	0.07	5.39×10^{-6}
	200000	18	19	0.32	4.80×10^{-6}	10	11	0.19	8.52×10^{-6}
$\boldsymbol{X}_2$	3000	13	14	0.01	5.37×10^{-6}	9	11	0.01	3.77×10^{-6}
	10000	13	14	0.03	5.37×10^{-6}	9	11	0.02	3.77×10^{-6}
	50000	13	14	0.05	5.37×10^{-6}	9	11	0.04	3.77×10^{-6}
	80000	13	14	0.08	5.37×10^{-6}	9	11	0.06	3.77×10^{-6}
	200000	13	14	0.22	5.37×10^{-6}	9	11	0.17	3.77×10^{-6}
$\boldsymbol{X}_3$	3000	17	18	0.01	9.98×10^{-6}	12	15	0.01	5.52×10^{-6}
	10000	18	19	0.03	7.98×10^{-6}	13	16	0.02	2.01×10^{-6}
	50000	19	20	0.07	7.82×10^{-6}	13	16	0.05	4.50×10^{-6}
	80000	19	20	0.12	9.90×10^{-6}	13	16	0.08	5.70×10^{-6}
	200000	20	21	0.34	6.87×10^{-6}	13	16	0.24	9.00×10^{-6}
$\boldsymbol{X}_4$	3000	17	18	0.01	4.21×10^{-6}	10	12	0.01	5.79×10^{-6}
	10000	17	18	0.03	7.69×10^{-6}	11	13	0.02	2.11×10^{-6}
	50000	18	19	0.07	6.91×10^{-6}	11	13	0.05	4.72×10^{-6}
	80000	18	19	0.12	8.74×10^{-6}	11	13	0.11	5.98×10^{-6}
	200000	19	20	0.33	5.55×10^{-6}	11	13	0.22	9.45×10^{-6}
$\boldsymbol{X}_5$	3000	17	18	0.02	5.92×10^{-6}	10	12	0.01	2.65×10^{-6}
	10000	18	19	0.03	4.34×10^{-6}	10	12	0.02	4.83×10^{-6}
	50000	18	19	0.08	9.71×10^{-6}	11	13	0.06	2.16×10^{-6}
	80000	19	20	0.12	4.94×10^{-6}	11	13	0.08	2.73×10^{-6}
	200000	19	20	0.33	7.80×10^{-6}	11	13	0.23	4.32×10^{-6}

表 5.3　两种算法处理测试函数 5.3 的数值实验结果

初始点	Dim	TTDFP 算法				算法 5.1			
		NI	NF	CPU	FV	NI	NF	CPU	FV
$\boldsymbol{X}_1$	3000	15	16	0.02	9.46×10^{-6}	9	10	0.01	8.32×10^{-6}
	10000	16	17	0.03	6.64×10^{-6}	9	10	0.02	3.04×10^{-6}
	50000	17	18	0.07	6.23×10^{-6}	10	11	0.05	6.79×10^{-6}
	80000	17	18	0.10	7.88×10^{-6}	10	11	0.07	8.59×10^{-6}

表 5.3(续)

初始点	Dim	TTDFP 算法				算法 5.1			
		NI	NF	CPU	FV	NI	NF	CPU	FV
X_1	200000	18	19	0.31	5.01×10^{-6}	11	12	0.20	2.72×10^{-6}
X_2	3000	13	14	0.01	6.63×10^{-6}	8	9	0.01	4.01×10^{-6}
	10000	13	14	0.02	6.63×10^{-6}	8	9	0.02	4.01×10^{-6}
	50000	13	14	0.05	6.63×10^{-6}	8	9	0.04	4.01×10^{-6}
	80000	13	14	0.08	6.63×10^{-6}	8	9	0.05	4.01×10^{-6}
	200000	13	14	0.20	6.63×10^{-6}	8	9	0.14	4.01×10^{-6}
X_3	3000	18	19	0.02	6.49×10^{-6}	11	12	0.01	3.28×10^{-6}
	10000	19	20	0.03	5.20×10^{-6}	11	12	0.03	5.98×10^{-6}
	50000	20	21	0.08	5.10×10^{-6}	12	13	0.05	2.67×10^{-6}
	80000	20	21	0.10	6.45×10^{-6}	12	13	0.07	3.38×10^{-6}
	200000	21	22	0.34	4.48×10^{-6}	12	13	0.19	5.35×10^{-6}
X_4	3000	17	18	0.02	5.08×10^{-6}	10	11	0.01	4.91×10^{-6}
	10000	17	18	0.03	9.27×10^{-6}	10	11	0.03	8.97×10^{-6}
	50000	18	19	0.08	8.33×10^{-6}	11	12	0.05	4.01×10^{-6}
	80000	19	20	0.11	4.24×10^{-6}	11	12	0.07	5.07×10^{-6}
	200000	19	20	0.31	6.70×10^{-6}	11	13	0.19	8.02×10^{-6}
X_5	3000	18	19	0.02	5.66×10^{-6}	10	11	0.01	2.83×10^{-6}
	10000	19	20	0.03	4.16×10^{-6}	10	11	0.02	5.17×10^{-6}
	50000	19	20	0.08	9.30×10^{-6}	11	12	0.06	2.31×10^{-6}
	80000	20	21	0.12	4.73×10^{-6}	11	12	0.08	2.93×10^{-6}
	200000	20	21	0.35	7.47×10^{-6}	11	12	0.20	4.63×10^{-6}

表 5.4　两种算法处理测试函数 5.4 的数值实验结果

初始点	Dim	TTDFP 算法				算法 5.1			
		NI	NF	CPU	FV	NI	NF	CPU	FV
X_1	8000	8	24	0.03	4.04×10^{-6}	11	43	0.02	2.81×10^{-6}
X_2		3	7	0.02	2.36×10^{-6}	3	7	0.02	1.47×10^{-6}
X_3		39	141	0.09	4.87×10^{-6}	14	58	0.02	8.14×10^{-6}
X_4		7	22	0.03	5.28×10^{-6}	2	3	0.01	1.06×10^{-6}
X_5		1	2	0.01	0	1	2	0.01	0

表 5.4(续)

初始点	Dim	TTDFP 算法				算法 5.1			
		NI	NF	CPU	FV	NI	NF	CPU	FV
$\boldsymbol{X}_6$	8000	25	86	0.05	5.35×10^{-6}	5	16	0.02	0
$\boldsymbol{X}_7$		39	141	0.09	4.86×10^{-6}	14	58	0.04	8.14×10^{-6}
$\boldsymbol{X}_8$		7	22	0.03	3.40×10^{-6}	8	31	0.03	3.97×10^{-6}
$\boldsymbol{X}_9$		29	106	0.08	8.49×10^{-6}	12	50	0.04	4.24×10^{-6}
$\boldsymbol{X}_{10}$		1	16	0.04	0	1	16	0.04	0
$\boldsymbol{X}_1$	50000	9	27	0.11	1.36×10^{-6}	11	43	0.17	7.02×10^{-6}
$\boldsymbol{X}_2$		3	7	0.06	2.36×10^{-6}	3	7	0.07	1.47×10^{-6}
$\boldsymbol{X}_3$		41	148	0.36	5.28×10^{-6}	15	62	0.17	4.72×10^{-6}
$\boldsymbol{X}_4$		7	22	0.06	5.28×10^{-6}	2	3	0.03	1.06×10^{-6}
$\boldsymbol{X}_5$		1	2	0.03	0	1	2	0.03	0
$\boldsymbol{X}_6$		25	86	0.18	5.35×10^{-6}	5	16	0.05	0
$\boldsymbol{X}_7$		41	148	0.34	5.28×10^{-6}	15	62	0.16	4.72×10^{-6}
$\boldsymbol{X}_8$		7	22	0.08	3.40×10^{-6}	8	31	0.09	3.97×10^{-6}
$\boldsymbol{X}_9$		29	106	0.30	9.57×10^{-6}	12	50	0.17	4.24×10^{-6}
$\boldsymbol{X}_{10}$		1	16	0.18	0	1	16	0.15	0
$\boldsymbol{X}_1$	100000	9	27	0.23	1.92×10^{-6}	11	43	0.34	9.93×10^{-6}
$\boldsymbol{X}_2$		3	7	0.07	2.36×10^{-6}	3	7	0.06	1.47×10^{-6}
$\boldsymbol{X}_3$		41	148	0.98	7.47×10^{-6}	15	62	0.42	6.68×10^{-6}
$\boldsymbol{X}_4$		7	22	0.14	5.28×10^{-6}	2	3	0.04	1.06×10^{-6}
$\boldsymbol{X}_5$		1	2	0.04	0	1	2	0.04	0
$\boldsymbol{X}_6$		25	86	0.44	5.35×10^{-6}	5	16	0.13	0
$\boldsymbol{X}_7$		41	148	1.00	7.47×10^{-6}	15	62	0.42	6.68×10^{-6}
$\boldsymbol{X}_8$		7	22	0.14	3.40×10^{-6}	8	31	0.16	3.97×10^{-6}
$\boldsymbol{X}_9$		29	106	0.76	9.57×10^{-6}	12	50	0.30	4.24×10^{-6}
$\boldsymbol{X}_{10}$		1	16	0.36	0	1	16	0.34	0

表 5.5　两种算法处理测试函数 5.1 至 5.4 的数值实验结果

测试函数	Dim	TTDFP 算法				算法 5.1			
		NI	NF	CPU	FV	NI	NF	CPU	FV
5.1	8000	31	61	0.03	9.06×10^{-6}	12	21	0.02	9.09×10^{-6}
	50000	33	65	0.07	7.07×10^{-6}	13	23	0.04	3.23×10^{-6}
	200000	34	67	0.45	7.74×10^{-6}	13	23	0.20	6.38×10^{-6}
5.2	8000	31	61	0.03	9.11×10^{-6}	12	21	0.02	9.21×10^{-6}
	50000	33	65	0.07	6.83×10^{-6}	13	23	0.04	3.23×10^{-6}
	200000	34	67	0.46	7.70×10^{-6}	13	23	0.17	6.38×10^{-6}
5.3	8000	19	20	0.03	4.63×10^{-6}	11	12	0.02	5.37×10^{-6}
	50000	20	21	0.09	5.11×10^{-6}	12	13	0.06	2.67×10^{-6}
	200000	21	22	0.43	4.48×10^{-6}	12	13	0.26	5.35×10^{-6}
5.4	8000	38	138	0.10	7.48×10^{-6}	14	58	0.04	8.25×10^{-6}
	50000	40	145	0.54	7.92×10^{-6}	15	62	0.23	4.74×10^{-6}
	200000	43	155	2.31	4.60×10^{-6}	15	62	0.85	9.45×10^{-6}

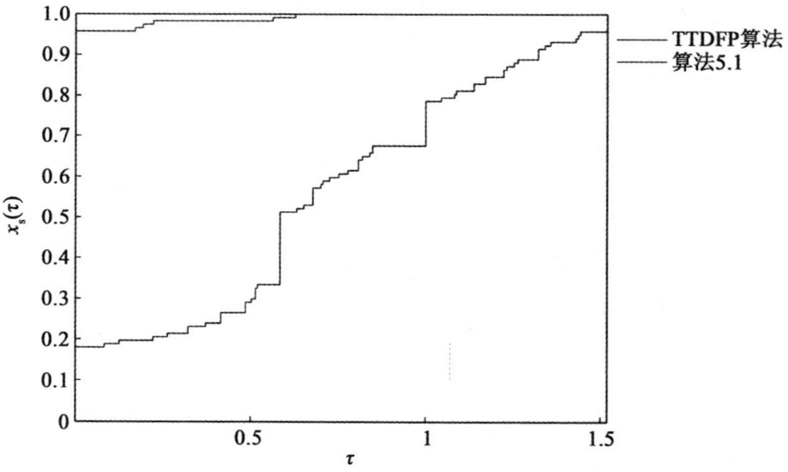

图 5.1　两种算法的 CPU 性能曲线

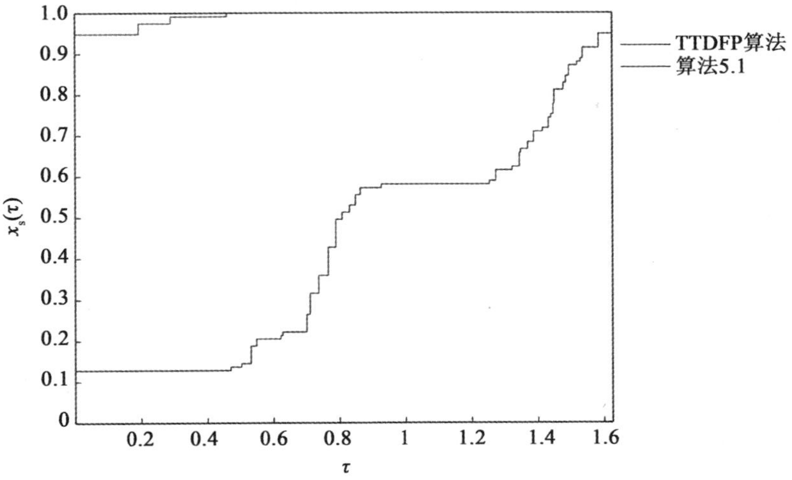

图 5.2　两种算法的迭代次数性能曲线

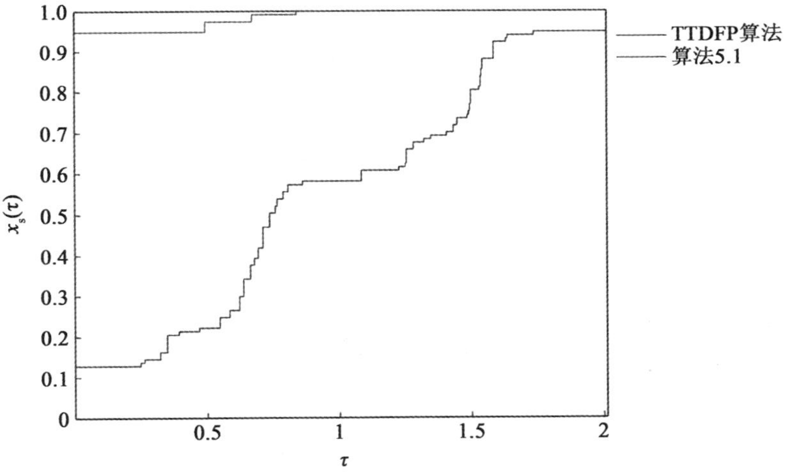

图 5.3　两种算法的函数值迭代次数性能曲线

从表 5.1 至表 5.5，可以看出针对所给出的问题，所提的算法比 TTDFP 算法更有效。

更进一步，结合 Dolan 和 More[118] 的性能曲线，获得了三张性能曲线图。从图 5.1 至图 5.3 中可以看出，本章算法比 TTDFP 算法更有竞争力并且更高效。

5.6 在信号恢复中的应用

在这个部分，分别应用本章算法，CGD[86]和 A1、A2[100]来处理典型的压缩感知问题(稀疏信号恢复)，并在 NI，CPU，MSE(平方误差的均值)这三个方面比较这四种算法的优劣。

5.6.1 压缩感知

压缩感知(也叫作稀疏样本)是一种高效恢复稀疏信号的信号处理技术。基于 Shannon-Nyquist 样本理论[133-134]，优化算法被用来从远远少于所需要的样本中恢复信号。该算法主要是通过寻找失定线性方程系统的解，进而获得将稀疏信号从观测样本中恢复出来的效果。

跟随文献[135]，考虑从一个不完整的和被污染的观测值中恢复一个未知向量 $\boldsymbol{x}_0 \in \mathbf{R}^n$：

$$\boldsymbol{b}=\boldsymbol{A}\boldsymbol{x}_0+\boldsymbol{e} \tag{5.17}$$

其中 $\boldsymbol{b} \in \mathbf{R}^k$ 是观测值，$\boldsymbol{A} \in \mathbf{R}^{k\times n}(k\ll n)$，并且 $\boldsymbol{e} \in \mathbf{R}^k$ 是误差项。行数远小于列数意味着样本的观测值远远小于原始信号的维数。

当尝试从噪声的观测值中恢复原始信号 $\boldsymbol{x}_0$ 时，一个正则化技术被使用来克服式(5.17)中矩阵 $\boldsymbol{A}$ 的病态属性。随后，寻找式(5.17)的稀疏矩阵的解 $\boldsymbol{x}_0$ 就转变成求解如下一个凸的无约束优化问题：

$$\min_{x\in \mathbf{R}^n} \tau \|\boldsymbol{x}\|_1+\frac{1}{2}\|\boldsymbol{b}-\boldsymbol{A}\boldsymbol{x}\|_2^2 \tag{5.18}$$

其中 $\tau>0$ 是一个参数，$\|\boldsymbol{v}\|_1$ 和 $\|\boldsymbol{v}\|_2$ 分别定义为 $\boldsymbol{v}\in \mathbf{R}^n$ 的 l_1 和 l_2 范数。

问题式(5.18)能够重写为一个凸的二次规划问题，将 $\boldsymbol{x}\in \mathbf{R}^n$ 分裂成正和负两个部分，有：

$$\left.\begin{aligned} &\boldsymbol{x}=\boldsymbol{u}-\boldsymbol{v}\\ &\boldsymbol{u}\geqslant 0\\ &\boldsymbol{v}\geqslant 0 \end{aligned}\right\} \tag{5.19}$$

其中 $\boldsymbol{u}_i=\max\{0, \boldsymbol{x}_i\}$ 和 $\boldsymbol{v}_i=\max\{-\boldsymbol{x}_i, 0\}$，$i\in\{1, 2, \cdots, n\}$。由 l_1 范数的定义，$\boldsymbol{x}$ 的 l_1 范数能重写为：

$$\|\boldsymbol{x}\|_1=\boldsymbol{e}_n^{\mathrm{T}}\boldsymbol{u}+\boldsymbol{e}_n^{\mathrm{T}}\boldsymbol{v} \tag{5.20}$$

其中 $\boldsymbol{e}_n \in [1, 1, \cdots, 1]^{\mathrm{T}} \in \mathbf{R}^n$。

通过结合式(5.19)和式(5.20)，问题式(5.18)能够重新写为一个含有边界约束的二次型问题：

$$\min_{u,v}\frac{1}{2}\|\boldsymbol{b}-\boldsymbol{A}(\boldsymbol{u}-\boldsymbol{v})\|_2^2+\tau\boldsymbol{e}_n^{\mathrm{T}}\boldsymbol{u}+\tau\boldsymbol{e}_n^{\mathrm{T}}\boldsymbol{v} \tag{5.21}$$

其中 $\boldsymbol{u}\geqslant 0$, $\boldsymbol{v}\geqslant 0$。

通过结合与 l_2 范数相关的向量的乘积，问题式(5.21)能写成更加标准的形式：

$$\min_{z\geqslant 0}\frac{1}{2}\boldsymbol{z}^{\mathrm{T}}\boldsymbol{H}\boldsymbol{z}+\boldsymbol{c}^{\mathrm{T}}\boldsymbol{z} \tag{5.22}$$

其中

$$\boldsymbol{z}=\begin{bmatrix}\boldsymbol{u}\\ \boldsymbol{v}\end{bmatrix}$$

$$\boldsymbol{c}=\begin{bmatrix}\tau\boldsymbol{e}_n-\boldsymbol{A}^{\mathrm{T}}b\\ \tau\boldsymbol{e}_n+\boldsymbol{A}^{\mathrm{T}}b\end{bmatrix}$$

$$\boldsymbol{H}=\begin{bmatrix}\boldsymbol{A}^{\mathrm{T}}\boldsymbol{A} & -\boldsymbol{A}^{\mathrm{T}}\boldsymbol{A}\\ -\boldsymbol{A}^{\mathrm{T}}\boldsymbol{A} & \boldsymbol{A}^{\mathrm{T}}\boldsymbol{A}\end{bmatrix}$$

明显地，$\boldsymbol{H}$ 是半正定的。所以，问题式(5.22)是一个凸二次规划问题。在文献[136]中证明了 z 是问题式(5.22)的解当且仅当 z 是下面方程组的解：

$$\boldsymbol{F}(z)=\min\{z,\ \boldsymbol{H}z+\boldsymbol{c}\}=0,\ z\geqslant 0 \tag{5.23}$$

其中 $\boldsymbol{F}$ 是向量值函数，“min”为分量最小值。

从文献[137]中引理2.3和文献[136]中引理2.2，知道 $\boldsymbol{F}:\mathbf{R}^{2n}\rightarrow\mathbf{R}^{2n}$ 是 Lipschitz 连续的和单调的。因此，式(5.23)能够用本章算法求解。

5.6.2 数值结果

本章算法中的参数选择为：$\sigma=1\times 10^{-4}$, $\rho=0.8$, $\gamma=1$。CGD 参数的选择来源于文献[86]的第 5 部分。A1 和 A2 参数的选择来源于文献[100]的第 4.2 部分。

在本章数值试验中，主要的目标就是从一个 k 维被高斯噪声污染的观测样本中恢复出一个 n 维的稀疏信号。恢复的质量是通过平方误差的均值(MSE)来测量：

$$MSE=\frac{1}{n}\|\boldsymbol{x}_0-\boldsymbol{x}^*\|^2$$

其中 $\boldsymbol{x}_0$ 是原始信号，$\boldsymbol{x}^*$ 是恢复信号。

对于方程组(5.23)，选择 $n=2^{12}$ 和 $k=2^8$。原始信号 $\boldsymbol{x}_0$ 随机包含了 2^6 个非零元素。随机矩阵 $\boldsymbol{A}$ 是由 Matlab 中随机命令 $rand(n,\ k)$ 产生的。观测值 $\boldsymbol{b}$ 由下

面的等式所确定：

$$b = Ax_0 + e$$

其中 e 是高斯噪声 $N(0,\ 10^{-4})$。

针对四种算法，式(5.24)中的参数 τ 通过相同的连续性技术获得。迭代的初始点为 $z_0=(u_0,\ v_0)^{\mathrm{T}}$，其中 $u_0=v_0=A^{\mathrm{T}}b$，而且迭代的终止条件为：

$$\frac{\| f(x_k)-f(x_{k-1})\|}{\| f(x_{k-1})\|}<10^{-5}$$

其中

$$f(x)=\tau\| x\|_1+\frac{1}{2}\| b-Ax\|_2^2 \tag{5.24}$$

是目标函数。

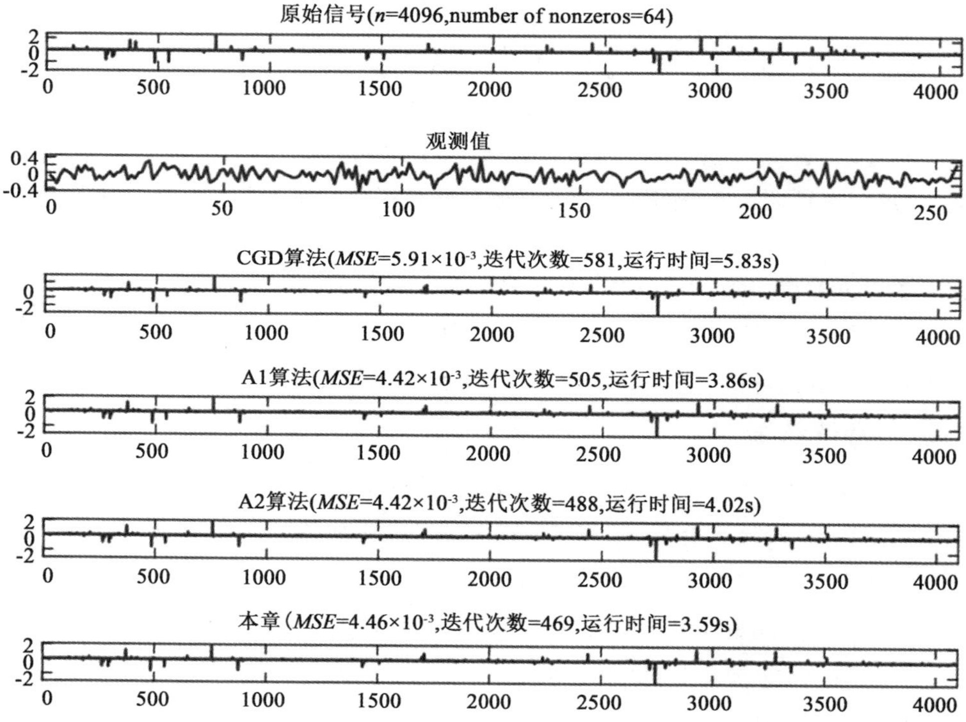

图 5.4　原始信号、观测值、四种算法恢复的信号

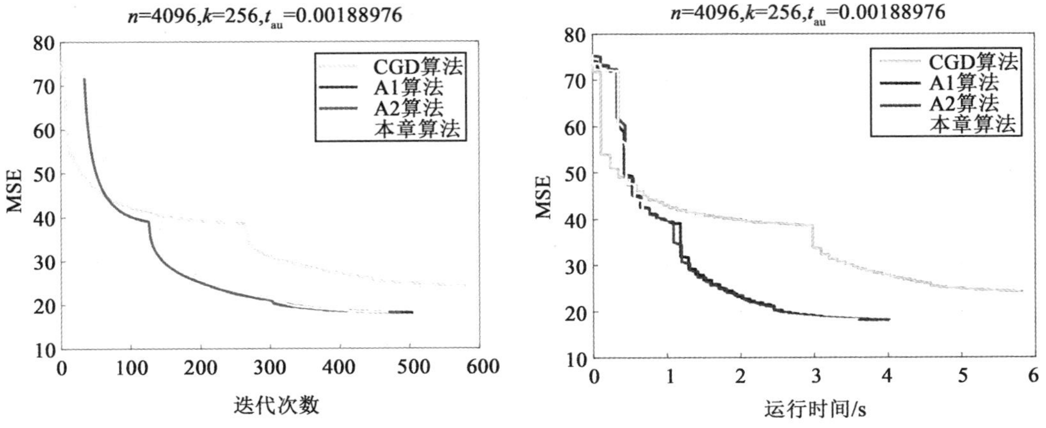

图 5.5 四种算法在 MSE 方面的迭代次数和运行时间图

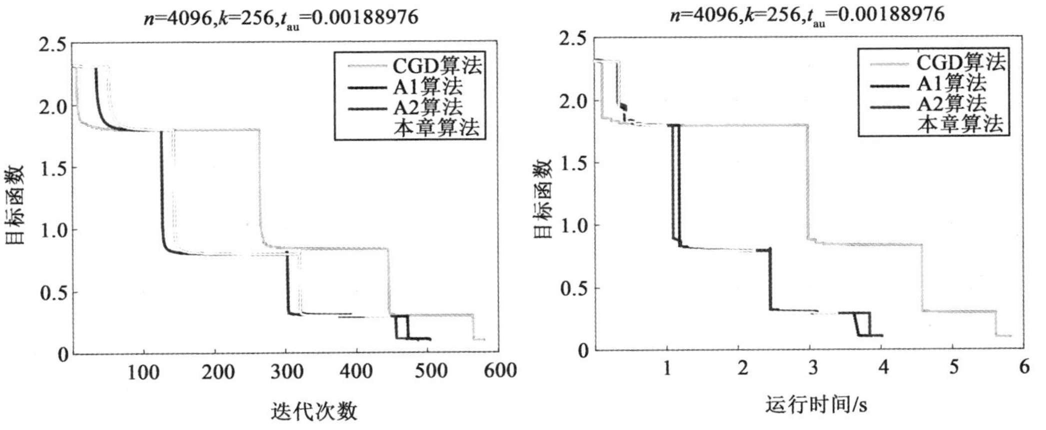

图 5.6 四种算法在目标函数方面的迭代次数和运行时间图

图 5.4 显示原始信号 $\boldsymbol{x}_0$、观测值 $\boldsymbol{b}$ 和用四种算法恢复的信号 $\boldsymbol{x}^*$。图 5.5 和图 5.6 显示 *MSE* 和目标函数值在迭代次数和运行时间上的变化趋势。从图 5.4 中，可以观测到原始信号几乎能够准确地从观测值中恢复出来，并且，与 CGD 和 A1、A2 相比，本章算法需要更少的迭代次数和运行时间。图 5.5 和图 5.6 显示出算法获得的 MSE 和目标函数值优于 CGD 和 A1、A2 算法获得的。

表 5.6　四种算法的 10 组压缩感知的数值实验结果和平均结果

	CGD 算法			A1 算法			A2 算法			本章算法		
	MSE	NI	CPU	MSE	NI	CPU	MSE	NI	CPU	MSE	NI	CPU
	3.20×10^{-2}	758	7.44	3.03×10^{-2}	443	3.28	3.03×10^{-2}	432	2.91	3.01×10^{-2}	388	2.66
	7.00×10^{-2}	674	6.30	6.55×10^{-2}	462	3.83	6.55×10^{-2}	445	3.44	6.55×10^{-2}	430	3.34
	3.97×10^{-2}	845	8.34	3.48×10^{-2}	523	3.86	3.49×10^{-2}	509	4.09	3.48×10^{-2}	462	3.89
	7.40×10^{-2}	714	6.48	6.93×10^{-2}	455	3.28	6.93×10^{-2}	446	4.14	6.92×10^{-2}	413	3.20
	7.38×10^{-2}	452	4.16	6.36×10^{-2}	487	3.56	6.36×10^{-2}	471	3.41	6.37×10^{-2}	466	3.41
	5.28×10^{-2}	562	5.39	4.93×10^{-2}	463	3.50	4.93×10^{-2}	452	3.95	4.92×10^{-2}	370	3.06
	4.92×10^{-2}	421	4.45	3.86×10^{-2}	477	3.61	3.86×10^{-2}	460	3.47	3.87×10^{-2}	426	2.98
	3.12×10^{-2}	587	5.70	2.11×10^{-2}	481	3.52	2.11×10^{-2}	467	3.80	2.12×10^{-2}	456	3.56
	5.52×10^{-2}	617	5.97	5.01×10^{-2}	472	3.53	5.01×10^{-2}	456	3.33	5.00×10^{-2}	425	3.75
	3.92×10^{-2}	817	7.42	3.76×10^{-2}	505	3.94	3.76×10^{-2}	489	4.00	3.77×10^{-2}	404	3.02
均值	5.17×10^{-2}	644.7	6.17	4.60×10^{-2}	476.8	3.59	4.60×10^{-2}	462.7	3.65	4.60×10^{-2}	424	3.29

为了公平的比较，又额外做了 10 组实验。这 10 组实验的初始点 x_0 由 Matlab 随机产生。数值实验结果放在表 5.6 中。从表 5.6 中可以看出，本章的算法比 CGD 和 A1、A2 拥有更少的迭代次数和运行时间。

5.7 本章小结

这一章提出了一种含有谱商参数的三项无导数投影算法。首先，构造了一种含有单个参数的三项谱共轭梯度法，其参数通过 Dai-Liao 共轭条件获得的。结合投影技术，提出了一种三项无导数投影算法。在恰当的假设条件下，证明了这种算法的全局收敛性和 R 阶线性收敛。最后，将这种算法应用于求解大规模含有凸约束的单调非线性方程组和恢复稀疏信号中去，取得了较好的实验结果。

6 含有双参数的三项投影算法及应用

6.1 引言

在本章中，讨论求解下面的含有凸约束的单调非线性方程组：

$$\boldsymbol{F}(\boldsymbol{x})=\boldsymbol{0},\ \forall \boldsymbol{x}\in\Omega \tag{6.1}$$

其中 Ω 是 $\mathbf{R}^n$ 中的一个非空闭凸集，$\boldsymbol{F}$：$\mathbf{R}^n\to\mathbf{R}^n$ 是连续的和单调的。单调性意味着

$$\langle \boldsymbol{F}(\boldsymbol{x})-\boldsymbol{F}(\boldsymbol{y}),\ \boldsymbol{x}-\boldsymbol{y}\rangle\geqslant 0,\ \forall \boldsymbol{x},\ \boldsymbol{y}\in\mathbf{R}^n$$

求解式(6.1)的方法有很多种。其中，基于三项共轭梯度法的一些方法是最常用的方法之一。由于低存储和简洁性，它们中的一些方法能够成功地被用来恢复稀疏信号，而且似乎有潜力来恢复图像。

Gao 等[100]提出了一种三项 CG 型投影算法来求解式(6.1)，更进一步，这种方法被用来恢复稀疏信号。一些数值实验结果显示，该算法相较于比较算法有良好的数值表现。但是，由于搜索方向不满足拟牛顿方程，可能导致在实际中出现差的数值实验结果。

为了克服上述弊端，包含有双参数的 CG 方法被提出来求解无约束优化问题。众所周知，含有双参数的 CG 方法仅仅被用来求解无约束优化问题。研究用含有双参数的 CG 方法来求解式(6.1)是非常有意义的。为了更进一步提升它的高效性，提出了一种满足拟牛顿方程的双参数投影算法来求解含有凸约束的单调非线性方程组，并把它应用来恢复稀疏信号。

本章的主要贡献是提出一种高效的三项投影算法来求解式(6.1)。拟牛顿方程在 CG 方法中起到非常重要的作用。所提算法的创新性在于该方法满足拟牛顿方程并且参数通过化简相关矩阵的最大特征值获得。具体的描述被显示如下。首先，对 Yao 和 Ning[57]提出的相关矩阵进行转置变换。随后，基于文献[96]，获得含有双参数的新相关矩阵。最后，通过三项 CG 方法和投影技术，建

立了一种三项投影算法来求解式(6.1)。一些数值实验结果被递呈来显示所提的算法明显优于比较算法。更进一步，也做了一些数值实验来验证所提算法在恢复稀疏信号上的高效性。

6.2 算法

本章不选择传统三项共轭梯度法中搜索方向的迭代形式，选择具有相关矩阵形式的迭代结构：

$$\boldsymbol{d}_k=\begin{cases}-\boldsymbol{g}_k, & k=0,\\ -\boldsymbol{Q}_{k+1}\boldsymbol{g}_k, & k\geqslant 1\end{cases}$$

其中 $\boldsymbol{g}_k=\nabla \boldsymbol{f}(\boldsymbol{x}_k)$，$\boldsymbol{Q}_{k+1}$是搜索方向的相关矩阵。

Yao 和 Ning[57] 提出的相关矩阵表示为：

$$\boldsymbol{Q}_{k+1}=\boldsymbol{I}+\boldsymbol{A}_2^{k+1}+\gamma_k\boldsymbol{A}_1^{k+1}$$

其中

$$\boldsymbol{A}_2^{k+1}=\frac{\boldsymbol{y}_k\boldsymbol{s}_k^{\mathrm{T}}-\boldsymbol{s}_k\boldsymbol{y}_k^{\mathrm{T}}}{\boldsymbol{s}_k^{\mathrm{T}}\boldsymbol{y}_k}$$

$$\boldsymbol{A}_1^{k+1}=\frac{\boldsymbol{s}_k\boldsymbol{s}_k^{\mathrm{T}}}{\boldsymbol{s}_k^{\mathrm{T}}\boldsymbol{y}_k}$$

γ_k 是一个正参数，$\boldsymbol{s}_k=\boldsymbol{x}_{k+1}-\boldsymbol{x}_k$，$\boldsymbol{y}_k=\boldsymbol{g}_{k+1}-\boldsymbol{g}_k$。

受上述文献的启发，提出如下迭代结构：

$$\boldsymbol{Q}_{k+1}^{1}=\boldsymbol{Q}_{k+1}^{\mathrm{T}}=\boldsymbol{I}+\boldsymbol{A}_1^{k+1}+\gamma_k\boldsymbol{A}_2^{k+1} \tag{6.2}$$

其中

$$\boldsymbol{A}_2^{k+1}=\frac{\boldsymbol{s}_k\boldsymbol{y}_k^{\mathrm{T}}-\boldsymbol{y}_k\boldsymbol{s}_k^{\mathrm{T}}}{\boldsymbol{s}_k^{\mathrm{T}}\boldsymbol{y}_k}$$

$$\boldsymbol{A}_1^{k+1}=\frac{\boldsymbol{s}_k\boldsymbol{s}_k^{\mathrm{T}}}{\boldsymbol{s}_k^{\mathrm{T}}\boldsymbol{y}_k}$$

γ_k 是一个正参数。

最近，Andrei[96] 提出如下的双参数迭代矩阵：

$$\boldsymbol{Q}_{k+1}=\delta_k\boldsymbol{I}+\delta_k\boldsymbol{A}_2^{k+1}+\gamma_k\boldsymbol{A}_1^{k+1} \tag{6.3}$$

其中

$$\boldsymbol{A}_2^{k+1}=-\frac{\boldsymbol{s}_k\boldsymbol{y}_k^{\mathrm{T}}+\boldsymbol{y}_k\boldsymbol{s}_k^{\mathrm{T}}}{\boldsymbol{s}_k^{\mathrm{T}}\boldsymbol{y}_k}$$

$$\boldsymbol{A}_1^{k+1}=\frac{\boldsymbol{s}_k\boldsymbol{s}_k^{\mathrm{T}}}{\boldsymbol{s}_k^{\mathrm{T}}\boldsymbol{y}_k}$$

δ_k 和 γ_k 是正参数。

结合式(6.2)和式(6.3)，提出的相关矩阵表示为：

$$\boldsymbol{Q}_{k+1}=\delta_k\boldsymbol{I}+\delta_k\boldsymbol{A}_2^{k+1}+\gamma_k\boldsymbol{A}_1^{k+1} \tag{6.4}$$

其中

$$\boldsymbol{A}_2^{k+1}=\frac{\boldsymbol{s}_k\boldsymbol{y}_k^{\mathrm{T}}-\boldsymbol{y}_k\boldsymbol{s}_k^{\mathrm{T}}}{\boldsymbol{s}_k^{\mathrm{T}}\boldsymbol{y}_k}$$

$$\boldsymbol{A}_1^{k+1}=\frac{\boldsymbol{s}_k\boldsymbol{s}_k^{\mathrm{T}}}{(\boldsymbol{s}_k^{\mathrm{T}}\boldsymbol{y}_k)^2}$$

δ_k 和 γ_k 是正参数。

借助拟牛顿方程，获得两个参数的关系如下：

$$\begin{aligned}\boldsymbol{Q}_{k+1}\boldsymbol{y}_k&=\left(\delta_k\boldsymbol{I}+\delta_k\frac{\boldsymbol{s}_k\boldsymbol{y}_k^{\mathrm{T}}-\boldsymbol{y}_k\boldsymbol{s}_k^{\mathrm{T}}}{\boldsymbol{s}_k^{\mathrm{T}}\boldsymbol{y}_k}+\gamma_k\frac{\boldsymbol{s}_k\boldsymbol{s}_k^{\mathrm{T}}}{\boldsymbol{s}_k^{\mathrm{T}}\boldsymbol{y}_k}\right)\boldsymbol{y}_k\\&=\delta_k\boldsymbol{y}_k+\delta_k\frac{\boldsymbol{s}_k\|\boldsymbol{y}_k\|^2-\boldsymbol{y}_k\boldsymbol{s}_k^{\mathrm{T}}\boldsymbol{y}_k}{\boldsymbol{s}_k^{\mathrm{T}}\boldsymbol{y}_k}+\gamma_k\frac{\boldsymbol{s}_k^{\mathrm{T}}\boldsymbol{y}_k}{\boldsymbol{s}_k^{\mathrm{T}}\boldsymbol{y}_k}\boldsymbol{s}_k\\&=\delta_k\boldsymbol{y}_k+\delta_k\frac{\|\boldsymbol{y}_k\|^2}{\boldsymbol{s}_k^{\mathrm{T}}\boldsymbol{y}_k}\boldsymbol{s}_k-\delta_k\boldsymbol{y}_k+\gamma_k\boldsymbol{s}_k\\&=\delta_k\frac{\|\boldsymbol{y}_k\|^2}{\boldsymbol{s}_k^{\mathrm{T}}\boldsymbol{y}_k}\boldsymbol{s}_k+\gamma_k\boldsymbol{s}_k\\&=\left(\delta_k\frac{\|\boldsymbol{y}_k\|^2}{\boldsymbol{s}_k^{\mathrm{T}}\boldsymbol{y}_k}+\gamma_k\right)\boldsymbol{s}_k\end{aligned}$$

则有

$$\gamma_k=1-\delta_k\frac{\|\boldsymbol{y}_k\|^2}{\boldsymbol{s}_k^{\mathrm{T}}\boldsymbol{y}_k} \tag{6.5}$$

由式(6.4)和式(6.5)，有

$$\begin{aligned}\boldsymbol{Q}_{k+1}&=\delta_k\boldsymbol{I}+\delta_k\frac{\boldsymbol{s}_k\boldsymbol{y}_k^{\mathrm{T}}-\boldsymbol{y}_k\boldsymbol{s}_k^{\mathrm{T}}}{\boldsymbol{s}_k^{\mathrm{T}}\boldsymbol{y}_k}+\left(1-\delta_k\frac{\|\boldsymbol{y}_k\|^2}{\boldsymbol{s}_k^{\mathrm{T}}\boldsymbol{y}_k}\right)\frac{\boldsymbol{s}_k\boldsymbol{s}_k^{\mathrm{T}}}{\boldsymbol{s}_k^{\mathrm{T}}\boldsymbol{y}_k}\\&=\delta_k\left[\boldsymbol{I}+\frac{\boldsymbol{s}_k\boldsymbol{y}_k^{\mathrm{T}}-\boldsymbol{y}_k\boldsymbol{s}_k^{\mathrm{T}}}{\boldsymbol{s}_k^{\mathrm{T}}\boldsymbol{y}_k}+\left(\frac{1}{\delta_k}-\frac{\|\boldsymbol{y}_k\|^2}{\boldsymbol{s}_k^{\mathrm{T}}\boldsymbol{y}_k}\right)\frac{\boldsymbol{s}_k\boldsymbol{s}_k^{\mathrm{T}}}{\boldsymbol{s}_k^{\mathrm{T}}\boldsymbol{y}_k}\right]\\&=\delta_k\boldsymbol{B}_{k+1}\end{aligned} \tag{6.6}$$

其中

$$\boldsymbol{B}_{k+1}=\boldsymbol{I}+\frac{\boldsymbol{s}_k\boldsymbol{y}_k^{\mathrm{T}}-\boldsymbol{y}_k\boldsymbol{s}_k^{\mathrm{T}}}{\boldsymbol{s}_k^{\mathrm{T}}\boldsymbol{y}_k}+\left(\frac{1}{\delta_k}-\frac{\|\boldsymbol{y}_k\|^2}{\boldsymbol{s}_k^{\mathrm{T}}\boldsymbol{y}_k}\right)\frac{\boldsymbol{s}_k\boldsymbol{s}_k^{\mathrm{T}}}{\boldsymbol{s}_k^{\mathrm{T}}\boldsymbol{y}_k}$$

$$\theta_k=\frac{1}{\delta_k}。$$

定理 6.1　矩阵 $\boldsymbol{B}_{k+1}$是非奇异的，并且它的特征值包含 1($n-2$ 重)，

$$\lambda_{k+1}^{+}=1+\frac{a}{2}+\frac{1}{2}\sqrt{a^2-4\frac{\|\boldsymbol{s}_k\|^2\|\boldsymbol{y}_k\|^2}{(\boldsymbol{s}_k^{\mathrm{T}}\boldsymbol{y}_k)^2}+4}$$

$$\lambda_{k+1}^{-}=1+\frac{a}{2}-\frac{1}{2}\sqrt{a^2-4\frac{\|\boldsymbol{s}_k\|^2\|\boldsymbol{y}_k\|^2}{(\boldsymbol{s}_k^{\mathrm{T}}\boldsymbol{y}_k)^2}+4}$$

其中 $a=\left(\theta_k-\frac{\|\boldsymbol{y}_k\|^2}{\boldsymbol{s}_k^{\mathrm{T}}\boldsymbol{y}_k}\right)\frac{\|\boldsymbol{s}_k\|^2}{\boldsymbol{s}_k^{\mathrm{T}}\boldsymbol{y}_k}$。

证明　借助 Wolfe 线搜索条件，有 $\boldsymbol{s}_k^{\mathrm{T}}\boldsymbol{y}_k>0$，这就意味着 $\boldsymbol{s}_k$ 和 $\boldsymbol{y}_k$ 是非零向量。设 V 是由$\{\boldsymbol{s}_k, \boldsymbol{y}_k\}$生成的线性空间，$V^{\perp}$是空间 V 的正交互补空间。显然，$\dim(V)\leqslant 2$ 和 $\dim(V^{\perp})\geqslant n-2$。因此，存在一系列正交的单位向量$\{\boldsymbol{u}_k^i\}\subset V^{\perp}$，使得

$$\boldsymbol{s}_k^{\mathrm{T}}\boldsymbol{u}_k^i=\boldsymbol{y}_k^{\mathrm{T}}\boldsymbol{u}_k^i=0,\ i=1,\ 2,\ \cdots,\ n-2$$

结合 $\boldsymbol{B}_{k+1}$的定义可知

$$\boldsymbol{B}_{k+1}\boldsymbol{u}_k^i=\boldsymbol{u}_k^i,\ i=1,\ 2,\ \cdots,\ n-2$$

因此，$\boldsymbol{B}_{k+1}$关于特征向量$\{\boldsymbol{u}_k^i\}n-2_{i=1}$的所对应的特征值 1 有($n-2$ 重)。

找到 $\boldsymbol{B}_{k+1}$的其他向量，分别定义为 λ_{k+1}^{+}和 λ_{k+1}^{-}。

由代数公式(见文献[115])可得：

$$\det(\boldsymbol{I}+\boldsymbol{p}\boldsymbol{q}^{\mathrm{T}}+\boldsymbol{u}\boldsymbol{v}^{\mathrm{T}})=(1+\boldsymbol{q}^{\mathrm{T}}\boldsymbol{p})(1+\boldsymbol{v}^{\mathrm{T}}\boldsymbol{u})-(\boldsymbol{p}^{\mathrm{T}}\boldsymbol{v})(\boldsymbol{q}^{\mathrm{T}}\boldsymbol{u})$$

其中

$$\boldsymbol{p}=\frac{\boldsymbol{s}_k}{\boldsymbol{s}_k^{\mathrm{T}}\boldsymbol{y}_k}$$

$$\boldsymbol{q}=\boldsymbol{y}_k$$

$$\boldsymbol{u}=\left(\theta_k-\frac{\|\boldsymbol{y}_k\|^2}{\boldsymbol{s}_k^{\mathrm{T}}\boldsymbol{y}_k}\right)\frac{\boldsymbol{s}_k}{\boldsymbol{s}_k^{\mathrm{T}}\boldsymbol{y}_k}-\frac{\boldsymbol{y}_k}{\boldsymbol{s}_k^{\mathrm{T}}\boldsymbol{y}_k}$$

$$\boldsymbol{v}=\boldsymbol{s}_k$$

很容易得出

$$\det(\boldsymbol{B}_{k+1})=\theta_k\ \frac{\|\boldsymbol{s}_k\|^2}{\boldsymbol{s}_k^{\mathrm{T}}\boldsymbol{y}_k}$$

所以，$\boldsymbol{B}_{k+1}$是非奇异的矩阵且有

$$\lambda_{k+1}^{+}\lambda_{k+1}^{-}=\theta_k\ \frac{\|\boldsymbol{s}_k\|^2}{\boldsymbol{s}_k^{\mathrm{T}}\boldsymbol{y}_k}\tag{6.7}$$

通过直接计算，可得

$$\mathrm{tr}(\boldsymbol{B}_{k+1})=n+\left(\theta_k-\frac{\|\boldsymbol{y}_k\|^2}{\boldsymbol{s}_k^{\mathrm{T}}\boldsymbol{y}_k}\right)\frac{\|\boldsymbol{s}_k\|^2}{\boldsymbol{s}_k^{\mathrm{T}}\boldsymbol{y}_k}$$

因此，有

$$\lambda_{k+1}^{+}+\lambda_{k+1}^{-}+n-2=n+\left(\theta_k-\frac{\|\boldsymbol{y}_k\|^2}{\boldsymbol{s}_k^{\mathrm{T}}\boldsymbol{y}_k}\right)\frac{\|\boldsymbol{s}_k\|^2}{\boldsymbol{s}_k^{\mathrm{T}}\boldsymbol{y}_k}$$

更进一步，可得

$$\lambda_{k+1}^{+}+\lambda_{k+1}^{-}=2+\left(\theta_k-\frac{\|\boldsymbol{y}_k\|^2}{\boldsymbol{s}_k^{\mathrm{T}}\boldsymbol{y}_k}\right)\frac{\|\boldsymbol{s}_k\|^2}{\boldsymbol{s}_k^{\mathrm{T}}\boldsymbol{y}_k}\tag{6.8}$$

由式(6.7)和式(6.8)，构造了如下的一元二次方程：

$$\lambda^2-\left[2+\left(\theta_k-\frac{\|\boldsymbol{y}_k\|^2}{\boldsymbol{s}_k^{\mathrm{T}}\boldsymbol{y}_k}\right)\frac{\|\boldsymbol{s}_k\|^2}{\boldsymbol{s}_k^{\mathrm{T}}\boldsymbol{y}_k}\right]\lambda+\theta_k\ \frac{\|\boldsymbol{s}_k\|^2}{\boldsymbol{s}_k^{\mathrm{T}}\boldsymbol{y}_k}=0$$

通过直接的计算，有

$$\left.\begin{aligned}\lambda_{k+1}^{+}&=1+\frac{a}{2}+\frac{1}{2}\sqrt{a^2-4\ \frac{\|\boldsymbol{s}_k\|^2\ \|\boldsymbol{y}_k\|^2}{(\boldsymbol{s}_k^{\mathrm{T}}\boldsymbol{y}_k)^2}+4}\\ \lambda_{k+1}^{-}&=1+\frac{a}{2}-\frac{1}{2}\sqrt{a^2-4\ \frac{\|\boldsymbol{s}_k\|^2\ \|\boldsymbol{y}_k\|^2}{(\boldsymbol{s}_k^{\mathrm{T}}\boldsymbol{y}_k)^2}+4}\end{aligned}\right\}\tag{6.9}$$

很容易证明 $\lambda_{k+1}^{+}\geqslant\lambda_{k+1}^{-}\geqslant 1$，证明完成。

事实上，由 λ_{k+1}^{+}的公式可知，θ_k 必须满足

$$\theta_k\geqslant\frac{\|\boldsymbol{y}_k\|^2}{\boldsymbol{s}_k^{\mathrm{T}}\boldsymbol{y}_k}+\frac{2}{\|\boldsymbol{s}_k\|^2}\sqrt{\|\boldsymbol{s}_k\|^2\ \|\boldsymbol{y}_k\|^2-(\boldsymbol{s}_k^{\mathrm{T}}\boldsymbol{y}_k)^2}\tag{6.10}$$

或 $0\leqslant\theta_k\leqslant\dfrac{\|\boldsymbol{y}_k\|^2}{\boldsymbol{s}_k^{\mathrm{T}}\boldsymbol{y}_k}-\dfrac{2}{\|\boldsymbol{s}_k\|^2}\sqrt{\|\boldsymbol{s}_k\|^2\ \|\boldsymbol{y}_k\|^2-(\boldsymbol{s}_k^{\mathrm{T}}\boldsymbol{y}_k)^2}$。

为了去掉式(6.9)的根号，将根号里面进行配方。然后借助式(6.5)和式(6.10)，很容易得到

$$\theta_k=\frac{2\parallel \boldsymbol{y}_k\parallel^2}{\boldsymbol{s}_k^{\mathrm{T}}\boldsymbol{y}_k},\ \delta_k=\frac{\boldsymbol{s}_k^{\mathrm{T}}\boldsymbol{y}_k}{2\parallel \boldsymbol{y}_k\parallel^2},\ \gamma_k=\frac{1}{2} \tag{6.11}$$

借助式(6.4)和式(6.11)，获得如下的搜索方向：

$$\boldsymbol{d}_{k+1}=-\frac{\boldsymbol{s}_k^{\mathrm{T}}\boldsymbol{y}_k}{2\parallel \boldsymbol{y}_k\parallel^2}\boldsymbol{g}_{k+1}-\left(\frac{\boldsymbol{g}_{k+1}^{\mathrm{T}}\boldsymbol{y}_k}{2\parallel \boldsymbol{y}_k\parallel^2}+\frac{\boldsymbol{g}_{k+1}^{\mathrm{T}}\boldsymbol{s}_k}{2\boldsymbol{s}_k^{\mathrm{T}}\boldsymbol{y}_k}\right)\boldsymbol{s}_k+\frac{\boldsymbol{g}_{k+1}^{\mathrm{T}}\boldsymbol{s}_k}{2\parallel \boldsymbol{y}_k\parallel^2}\boldsymbol{y}_k \tag{6.12}$$

通过结合式(6.12)和超平面投影技术，提出投影算法来求解式(6.1)。具体的搜索方向 $\boldsymbol{d}_k$ 被计算为：

$$\boldsymbol{d}_{k+1}=-\frac{\boldsymbol{s}_k^{\mathrm{T}}\bar{\boldsymbol{y}}_k}{2\parallel \bar{\boldsymbol{y}}_k\parallel^2}\boldsymbol{F}_{k+1}-\left(\frac{\boldsymbol{F}_{k+1}^{\mathrm{T}}\bar{\boldsymbol{y}}_k}{2\parallel \bar{\boldsymbol{y}}_k\parallel^2}+\frac{\boldsymbol{F}_{k+1}^{\mathrm{T}}\boldsymbol{s}_k}{2\boldsymbol{s}_k^{\mathrm{T}}\bar{\boldsymbol{y}}_k}\right)\boldsymbol{s}_k+\frac{\boldsymbol{F}_{k+1}^{\mathrm{T}}\boldsymbol{s}_k}{2\parallel \bar{\boldsymbol{y}}_k\parallel^2}\bar{\boldsymbol{y}}_k \tag{6.13}$$

其中 $\bar{\boldsymbol{y}}_k=\boldsymbol{F}_{k+1}-\boldsymbol{F}_k+r\boldsymbol{s}_k$，$\boldsymbol{s}_k=\boldsymbol{x}_{k+1}-\boldsymbol{x}_k$，$r>0$ 是一个常数。

算法被总结如下。

算法 6.1

步 1：首先给出初始点 $\boldsymbol{x}_0\in\mathbf{R}^n$，$\rho\in(0,1)$，$\sigma\in(0,1)$，$r>0$，$\xi>0$，$\varepsilon>0$，$k=0$。

步 2：如果 $\parallel\boldsymbol{F}_k\parallel\leqslant\varepsilon$，迭代终止，否则，转步 3。

步 3：计算搜索方向 $\boldsymbol{d}_k$：如果 $k=0$，则 $\boldsymbol{d}_k=-\boldsymbol{F}_k$，否则，$\boldsymbol{d}_{k+1}$ 由式(6.13)计算得到。

步 4：计算 $\boldsymbol{z}_k=\boldsymbol{x}_k+\alpha_k\boldsymbol{d}_k$，$\alpha_k=\xi\rho^m$，$m$ 是满足式(6.14)成立的最小非负指标。

$$-\boldsymbol{F}(\boldsymbol{z}_k)^{\mathrm{T}}\boldsymbol{d}_k\geqslant\sigma\rho^m\parallel\boldsymbol{d}_k\parallel^2 \tag{6.14}$$

步 5：如果 $\boldsymbol{z}_k\in\Omega^*$，则 $\boldsymbol{x}_{k+1}=\boldsymbol{z}_k$，终止；否则

$$\boldsymbol{x}_{k+1}=\boldsymbol{P}_{\Omega}\left[\boldsymbol{x}_k-\frac{\boldsymbol{F}(\boldsymbol{z}_k)^{\mathrm{T}}(\boldsymbol{x}_k-\boldsymbol{z}_k)}{\parallel\boldsymbol{F}(\boldsymbol{z}_k)\parallel^2}\boldsymbol{F}(\boldsymbol{z}_k)\right] \tag{6.15}$$

步 6：计算 $\bar{\boldsymbol{y}}_k=\boldsymbol{F}_{k+1}-\boldsymbol{F}_k+r\boldsymbol{s}_k$，$\boldsymbol{s}_k=\boldsymbol{x}_{k+1}-\boldsymbol{x}_k$，置 $k=k+1$，转第 2 步。

注释 6.1 存在非负的整数 m 满足不等式(6.14)。事实上，如果对任何非负的指标 i 不等式(6.14)都不成立，则

$$-\boldsymbol{F}(\boldsymbol{x}_k+\xi\rho^i\boldsymbol{d}_k)^{\mathrm{T}}\boldsymbol{d}_k<\sigma\xi\rho^i\parallel\boldsymbol{d}_k\parallel^2$$

由 $\boldsymbol{F}$ 的连续性，$\rho\in(0,1)$，让 $i\to\infty$，可得到

$$-\boldsymbol{F}(\boldsymbol{x}_k)^{\mathrm{T}}\boldsymbol{d}_k\leqslant 0 \tag{6.16}$$

借助后面的引理 6.2，有

$$-\boldsymbol{F}(\boldsymbol{x}_k)^{\mathrm{T}}\boldsymbol{d}_k \geqslant c\|\boldsymbol{F}(\boldsymbol{x}_k)\|^2>0$$

这与式(6.16)矛盾。

6.3 全局收敛性

引理 6.1 假设(H_1)和(H_2)成立，$\{\boldsymbol{x}_k\}$和$\{z_k\}$是由算法 6.1 产生的序列，则有

$$r\|\boldsymbol{s}_k\|^2 \leqslant \boldsymbol{s}_k^{\mathrm{T}}\bar{\boldsymbol{y}}_k \leqslant (L+r)\|\boldsymbol{s}_k\|^2,\ \forall k\geqslant 1 \tag{6.17}$$

具体的证明与文献[100]的证明类似，此处省略。

注释 6.2 由 Cauchy-Schwarz 不等式和式(6.17)，有

$$r\|\boldsymbol{s}_k\|^2 \leqslant \boldsymbol{s}_k^{\mathrm{T}}\bar{\boldsymbol{y}}_k \leqslant \|\boldsymbol{s}_k\|\|\bar{\boldsymbol{y}}_k\|$$

则有

$$r\|\boldsymbol{s}_k\| \leqslant \|\bar{\boldsymbol{y}}_k\| \tag{6.18}$$

由$\bar{\boldsymbol{y}}_k$的定义以及 Cauchy-Schwarz 不等式和(H_2)，有

$$\|\bar{\boldsymbol{y}}_k\| \leqslant \|\boldsymbol{F}_{k+1}-\boldsymbol{F}_k\|+r\|\boldsymbol{s}_k\| \leqslant L\|\boldsymbol{x}_{k+1}-\boldsymbol{x}_k\|+r\|\boldsymbol{s}_k\| \leqslant (L+r)\|\boldsymbol{s}_k\| \tag{6.19}$$

由式(6.18)和式(6.19)，有

$$r\|\boldsymbol{s}_k\| \leqslant \|\bar{\boldsymbol{y}}_k\| \leqslant (L+r)\|\boldsymbol{s}_k\| \tag{6.20}$$

结合式(6.17)和式(6.20)，可得

$$\frac{r}{(L+r)^2} \leqslant \frac{\boldsymbol{s}_k^{\mathrm{T}}\bar{\boldsymbol{y}}_k}{\|\bar{\boldsymbol{y}}_k\|^2} \leqslant \frac{L+r}{r^2} \tag{6.21}$$

引理 6.2 假设(H_1)和(H_2)成立，$\{\boldsymbol{x}_k\}$和$\{z_k\}$是由算法 6.1 产生的序列，则有

$$\boldsymbol{F}_{k+1}^{\mathrm{T}}\boldsymbol{d}_{k+1} \leqslant -c\|\boldsymbol{F}_{k+1}\|^2$$

其中 $c=\min\left\{1,\ \dfrac{r}{2(L+r)^2}\right\}$。

证明 由式(6.13)和式(6.21)，则有

$$\begin{aligned}\boldsymbol{F}_{k+1}^{\mathrm{T}}\boldsymbol{d}_{k+1} &= \boldsymbol{F}_{k+1}^{\mathrm{T}}\left[-\frac{\boldsymbol{s}_k^{\mathrm{T}}\bar{\boldsymbol{y}}_k}{2\|\bar{\boldsymbol{y}}_k\|^2}\boldsymbol{F}_{k+1}-\left(\frac{\boldsymbol{F}_{k+1}^{\mathrm{T}}\bar{\boldsymbol{y}}_k}{2\|\bar{\boldsymbol{y}}_k\|^2}+\frac{\boldsymbol{F}_{k+1}^{\mathrm{T}}\boldsymbol{s}_k}{2\boldsymbol{s}_k^{\mathrm{T}}\bar{\boldsymbol{y}}_k}\right)\boldsymbol{s}_k+\frac{\boldsymbol{F}_{k+1}^{\mathrm{T}}\boldsymbol{s}_k}{2\|\bar{\boldsymbol{y}}_k\|^2}\bar{\boldsymbol{y}}_k\right] \\ &= -\frac{\boldsymbol{s}_k^{\mathrm{T}}\bar{\boldsymbol{y}}_k}{2\|\bar{\boldsymbol{y}}_k\|^2}\|\boldsymbol{F}_{k+1}\|^2-\frac{\boldsymbol{F}_{k+1}^{\mathrm{T}}\bar{\boldsymbol{y}}_k\boldsymbol{F}_{k+1}^{\mathrm{T}}\boldsymbol{s}_k}{2\|\bar{\boldsymbol{y}}_k\|^2}+\frac{\boldsymbol{F}_{k+1}^{\mathrm{T}}\bar{\boldsymbol{y}}_k\boldsymbol{F}_{k+1}^{\mathrm{T}}\boldsymbol{s}_k}{2\|\bar{\boldsymbol{y}}_k\|^2}-\frac{(\boldsymbol{F}_{k+1}^{\mathrm{T}}\boldsymbol{s}_k)^2}{2\boldsymbol{s}_k^{\mathrm{T}}\bar{\boldsymbol{y}}_k}\end{aligned}$$

$$\leqslant -\frac{\boldsymbol{s}_k^{\mathrm{T}}\bar{\boldsymbol{y}}_k}{2\|\bar{\boldsymbol{y}}_k\|}\|\boldsymbol{F}_{k+1}\|^2$$

$$\leqslant -\frac{r}{2(L+r)}\|\boldsymbol{F}_{k+1}\|^2$$

其中 $c=\min\left\{1, \frac{r}{2(L+r)^2}\right\}$。

引理 6.3 假设(H_1)和(H_2)成立，$\{\boldsymbol{x}_k\}$和$\{\boldsymbol{z}_k\}$是由算法 6.1 产生的序列，则有

$$\alpha_k \geqslant \min\rho\left\{1, \frac{\|\boldsymbol{F}_k\|^2}{(L+\sigma)\|\boldsymbol{d}_k\|^2}\right\}$$

具体的证明与文献[100]的证明类似，此处省略。

引理 6.4 假设(H_1)和(H_2)成立，$\{\boldsymbol{x}_k\}$和$\{\boldsymbol{z}_k\}$是由算法 6.1 产生，则有

$$\|\boldsymbol{d}_{k+1}\| \leqslant A\|\boldsymbol{F}_{k+1}\|$$

$$\alpha_k \geqslant B$$

其中

$$A=\max\left\{\frac{L+r}{2r^2}+\frac{1}{r}+\frac{1}{2r}, 1\right\}$$

$$B=\min\rho\left\{1, \frac{c}{(L+\sigma)A^2}\right\}$$

证明 由式(6.13)、式(6.17)和式(6.20)，有

$$\|\boldsymbol{d}_{k+1}\| \leqslant \frac{\boldsymbol{s}_k^{\mathrm{T}}\bar{\boldsymbol{y}}_k}{2\|\bar{\boldsymbol{y}}_k\|^2}\|\boldsymbol{F}_{k+1}\| + \frac{\|\boldsymbol{s}_k\|}{2\|\bar{\boldsymbol{y}}_k\|}\|\boldsymbol{F}_{k+1}\| + \frac{\|\boldsymbol{s}_k\|}{2\|\bar{\boldsymbol{y}}_k\|}\|\boldsymbol{F}_{k+1}\| + \frac{\|\boldsymbol{s}_k\|^2}{2\boldsymbol{s}_k^{\mathrm{T}}\bar{\boldsymbol{y}}_k}\|\boldsymbol{F}_{k+1}\|$$

$$\leqslant \frac{(L+r)\|\boldsymbol{s}_k\|^2}{2\|\bar{\boldsymbol{y}}_k\|^2}\|\boldsymbol{F}_{k+1}\| + \frac{\|\boldsymbol{s}_k\|}{\|\bar{\boldsymbol{y}}_k\|}\|\boldsymbol{F}_{k+1}\| + \frac{\|\boldsymbol{s}_k\|^2}{2\boldsymbol{s}_k^{\mathrm{T}}\bar{\boldsymbol{y}}_k}\|\boldsymbol{F}_{k+1}\|$$

$$\leqslant \frac{L+r}{2r^2}\|\boldsymbol{F}_{k+1}\| + \frac{1}{r}\|\boldsymbol{F}_{k+1}\| + \frac{1}{2r}\|\boldsymbol{F}_{k+1}\|$$

设 $A=\max\left\{\frac{L+r}{2r^2}+\frac{1}{r}+\frac{1}{2r}, 1\right\}$。由此不等式和引理 6.3，可以获得第二个等式。

注释 6.3 由$\{\boldsymbol{x}_k\}$的有界性和(H_2)可知，存在一个常数 $\zeta>0$，使得 $\|\boldsymbol{F}_k\| \leqslant \zeta$。由引理 6.4 可知，有 $\|\boldsymbol{d}_k\| \leqslant A\|\boldsymbol{F}_k\| \leqslant A\zeta$，$\forall k \geqslant 0$。因此，$\{\|\boldsymbol{d}_k\|\}$是有界的。

下面的结果显示了算法的全局收敛性。

引理 6.5 假设(H_1)和(H_2)成立，$\{\boldsymbol{x}_k\}$和$\{\boldsymbol{z}_k\}$是由算法 6.1 产生的序列，$\forall \boldsymbol{x}^* \in \Omega^*$，则有

$$\|\boldsymbol{x}_{k+1}-\boldsymbol{x}^*\|^2 \leqslant \|\boldsymbol{x}_k-\boldsymbol{x}^*\|^2-\|\boldsymbol{x}_{k+1}-\boldsymbol{x}_k\|^2$$

特别地，序列$\{\boldsymbol{x}_k\}$是有界的，$\lim\limits_{k\to\infty}\|\boldsymbol{x}_{k+1}-\boldsymbol{x}_k\|=0$。

更进一步

$$\lim_{k\to\infty}\alpha_k\|\boldsymbol{d}_k\|=0$$

具体的证明与文献[100]的证明类似，此处省略。

下面证明算法 6.1 的全局收敛性。

定理 6.2 假设(H_1)和(H_2)成立，$\{\boldsymbol{x}_k\}$和$\{\boldsymbol{z}_k\}$是由算法 6.1 产生的序列，则有

$$\lim_{k\to\infty}\|\boldsymbol{F}_k\|=0$$

具体的证明与文献[100]的证明类似，此处省略。

6.4 R 阶线性收敛

在这一节，主要讨论算法 6.1 的 R 阶线性收敛。从定理 6.1 可知，序列$\{\boldsymbol{x}_k\}$收敛到方程组的解。因此，总假设$\lim\limits_{k\to\infty}\boldsymbol{x}_k=\bar{\boldsymbol{x}}$，$\bar{\boldsymbol{x}}\in\Omega^*$。

定理 6.3 假设(H_1)-(H_3)成立，并且序列$\{\boldsymbol{x}_k\}$是由算法 6.1 产生，则序列$\{\mathrm{dist}(\boldsymbol{x},\Omega^*)\}$是 Q-线性收敛到 0，所以序列$\{\boldsymbol{x}_k\}$是 R 阶线性收敛到$\bar{\boldsymbol{x}}$。

具体的证明与文献[100]中的证明类似，此处省略。

6.5 数值实验

这个部分给出在 NI，NF 和 CPU 方面的一些数值结果来显示本章算法的性能。其中“NI”，“NF”和“FV”依次分别代表算法的迭代次数、函数值迭代次数和迭代终止时的函数值。由于本章算法涉及相关矩阵，文献[100]中的算法 A1(算法 2.1a)和 A2(算法 2.1b)正好涉及它，所以选择算法 A1 和 A2 作为比较算法。

本章算法的参数选择为：$\rho=0.4$，$\sigma=10^{-4}$，$r=1$，$\xi=1$。比较算法中的参数选择来源于参考文献[100]。算法的终止条件选择为$\|\boldsymbol{F}_k\|\leqslant 10^{-5}$。算法编译在

Matlab R2017a 中，运行在具有 2.30 GHz 的 CPU 处理器和 8.00 GB 内存的计算机上。

测试函数选择如下：

测试函数 6.1：这个测试函数来自文献[131]，映射 $\boldsymbol{F}$ 表述为 $\boldsymbol{F}(\boldsymbol{x})=[f_1(\boldsymbol{x}), f_2(\boldsymbol{x}), \cdots, f_n(\boldsymbol{x})]^{\mathrm{T}}$，$\boldsymbol{F}(\boldsymbol{x})$：$\mathbf{R}^n \to \mathbf{R}^n$ 且

$$f_1(\boldsymbol{x})=\boldsymbol{x}_1-\exp\cos\left(\frac{\boldsymbol{x}_1+\boldsymbol{x}_2}{2}\right)$$

$$f_i(\boldsymbol{x})=\boldsymbol{x}_i-\exp\cos\left(\frac{\boldsymbol{x}_{i-1}+\boldsymbol{x}_i+\boldsymbol{x}_{i+1}}{i}\right),\ i=2, \cdots, n-1$$

$$f_n(\boldsymbol{x})=\boldsymbol{x}_n-\exp\cos\left(\frac{\boldsymbol{x}_{n-1}+\boldsymbol{x}_n}{n}\right)$$

其中 $\Omega=\mathbf{R}_+^n$。

测试函数 6.2：这个测试函数来自文献[100]，映射 $\boldsymbol{F}$ 表述为 $\boldsymbol{F}(\boldsymbol{x})=[f_1(\boldsymbol{x}), f_2(\boldsymbol{x}), \cdots, f_n(\boldsymbol{x})]^{\mathrm{T}}$，$\boldsymbol{F}(\boldsymbol{x})$：$\mathbf{R}^n \to \mathbf{R}^n$ 且

$$f_1(\boldsymbol{x})=\boldsymbol{x}_1(2\boldsymbol{x}_1^2+2\boldsymbol{x}_2^2)-1$$

$$f_i(\boldsymbol{x})=\boldsymbol{x}_i(\boldsymbol{x}_{i-1}^2+2\boldsymbol{x}_i^2+\boldsymbol{x}_{i+1}^2)-1,\ i=2, \cdots, n-1$$

$$f_n(\boldsymbol{x})=\boldsymbol{x}_n(2\boldsymbol{x}_{n-1}^2+2\boldsymbol{x}_n^2)-1$$

其中 $\Omega=\mathbf{R}_+^n$。

测试函数 6.3：这个测试函数来自文献[117]，映射 $\boldsymbol{F}$ 表述为 $\boldsymbol{F}(\boldsymbol{x})=[f_1(\boldsymbol{x}), f_2(\boldsymbol{x}), \cdots, f_n(\boldsymbol{x})]^{\mathrm{T}}$，$\boldsymbol{F}(\boldsymbol{x})$：$\mathbf{R}^n \to \mathbf{R}^n$ 且

$$f_i(\boldsymbol{x})=\exp\boldsymbol{x}_i-1,\ i=1, 2, \cdots, n$$

其中 $\Omega=\mathbf{R}^+$。

测试函数 6.4：这个测试函数来自文献[111]，映射 $\boldsymbol{F}$ 表述为 $\boldsymbol{F}(\boldsymbol{x})=[f_1(\boldsymbol{x}), f_2(\boldsymbol{x}), \cdots, f_n(\boldsymbol{x})]^{\mathrm{T}}$，$\boldsymbol{F}(\boldsymbol{x})$：$\mathbf{R}^n \to \mathbf{R}^n$ 且

$$f_1(\boldsymbol{x})=2\boldsymbol{x}_1-\boldsymbol{x}_2+\exp\boldsymbol{x}_1-1$$

$$f_i(\boldsymbol{x})=-\boldsymbol{x}_{i-1}+2\boldsymbol{x}_i-\boldsymbol{x}_{i+1}+\exp\boldsymbol{x}_i-1,\ i=2, \cdots, n-1$$

$$f_n(\boldsymbol{x})=-\boldsymbol{x}_{n-1}+2\boldsymbol{x}_n+\exp\boldsymbol{x}_n-1$$

其中 $\Omega=\mathbf{R}^+$。

针对测试函数 6.1，选择的初始点为：

$$\boldsymbol{X}_1=[1, 1, \cdots, 1]^{\mathrm{T}}$$

$$X_2=\left[\frac{1}{n},\ \frac{2}{n},\ \cdots,\ 1\right]^{\mathrm{T}}$$

$$X_3=\left[\frac{1}{2},\ \frac{1}{2^2},\ \cdots,\ \frac{1}{2^n}\right]$$

$$X_4=\left[1-\frac{1}{n},\ 1-\frac{2}{n},\ \cdots,\ 0\right]^{\mathrm{T}}$$

$$X_5=\left[1,\ \frac{1}{2},\ \cdots,\ \frac{1}{n}\right]^{\mathrm{T}}$$

$$X_6=[0,\ 0,\ \cdots,\ 0]^{\mathrm{T}}$$

$$X_7=[10,\ 10,\ \cdots,\ 10]^{\mathrm{T}}$$

实验数值结果放在表 6.1。

针对测试函数 6.2，选择的初始点为：

$$X_1=[1,\ 1,\ \cdots,\ 1]^{\mathrm{T}}$$

$$X_2=[0,\ 0,\ \cdots,\ 0]^{\mathrm{T}}$$

$$X_3=[10,\ 10,\ \cdots,\ 10]^{\mathrm{T}}$$

$$X_4=\left[\frac{1}{3},\ \frac{1}{3},\ \cdots,\ \frac{1}{3}\right]^{\mathrm{T}}$$

$$x_5=\left[-\frac{1}{4},\ \frac{1}{4},\ \cdots,\ (-1)^i\,\frac{1}{4}\right]^{\mathrm{T}}$$

实验数值结果放在表 6.2。

针对测试函数 6.3，选择的初始点为：

$$X_1=\left[\frac{1}{2},\ \frac{1}{2^2},\ \cdots,\ \frac{1}{2^n}\right]^{\mathrm{T}}$$

$$X_2=\left[1,\ \frac{1}{2},\ \cdots,\ \frac{1}{n}\right]^{\mathrm{T}}$$

$$X_3=\left[\frac{1}{n},\ \frac{2}{n},\ \cdots,\ 1\right]^{\mathrm{T}}$$

$$X_4=\left[-\frac{1}{4},\ \frac{1}{4},\ \cdots,\ (-1)^i\,\frac{1}{4}\right]^{\mathrm{T}}$$

$$X_5=[10,\ 10,\ \cdots,\ 10]^{\mathrm{T}}$$

$$X_6=\left[\frac{1}{3},\ \frac{1}{3},\ \cdots,\ \frac{1}{3}\right]^{\mathrm{T}}$$

实验数值结果放在表 6.3。

针对测试函数 6.4，维数为 20000 时，选择的初始点为：

$$\boldsymbol{X}_1=\left[\frac{1}{3},\ \cdots,\ \frac{1}{3}\right]^{\mathrm{T}}$$

$$\boldsymbol{X}_2=\left[\frac{1}{n},\ \frac{2}{n},\ \cdots,\ 1\right]^{\mathrm{T}}$$

$$\boldsymbol{X}_3=\left[\frac{1}{2},\ \frac{1}{2^2},\ \cdots,\ \frac{1}{2^n}\right]^{\mathrm{T}}$$

$$\boldsymbol{X}_4=\left[-\frac{1}{4},\ \frac{1}{4},\ \cdots,\ (-1)^i\frac{1}{4}\right]^{\mathrm{T}}$$

$$\boldsymbol{X}_5=\left[1,\ \frac{1}{2},\ \cdots,\ \frac{1}{\mathrm{n}}\right]^{\mathrm{T}}$$

$$\boldsymbol{X}_6=[1,\ 1,\ \cdots,\ 1]^{\mathrm{T}}$$

$$\boldsymbol{X}_7=\left[1-\frac{1}{n},\ 1-\frac{2}{n},\ \cdots,\ 0\right]^{\mathrm{T}}$$

$$\boldsymbol{X}_8=\left[\frac{1}{n},\ \frac{1}{n},\ \cdots,\ \frac{1}{n}\right]^{\mathrm{T}}$$

$$\boldsymbol{X}_9=\left[\frac{1}{5},\ \frac{1}{5},\ \cdots,\ \frac{1}{5}\right]^{\mathrm{T}}$$

$$\boldsymbol{X}_{10}=[10,\ 10,\ \cdots,\ 10]^{\mathrm{T}}$$

$$\boldsymbol{X}_{11}=\left[\frac{1}{3},\ \frac{1}{3^2},\ \cdots,\ \frac{1}{3^{\mathrm{n}}}\right]^{\mathrm{T}}$$

$$\boldsymbol{X}_{12}=\left[1,\ \frac{1}{2^2},\ \cdots,\ \frac{1}{n^2}\right]^{\mathrm{T}}$$

$$\boldsymbol{X}_{13}=[0.1,\ 0.1,\ \cdots,\ 0.1]^{\mathrm{T}}$$

$$\boldsymbol{X}_{14}=\left[\frac{1}{n}-1,\ \frac{2}{n}-1,\ \cdots,\ 0\right]^{\mathrm{T}}$$

$$\boldsymbol{X}_{15}=[5,\ 5,\ \cdots,\ 5]^{\mathrm{T}}$$

实验数值结果放在表 6.4。

针对测试函数 6.1~6.4，初始点在(0，1) 中随机产生，我们测试了维数为 20000，80000 和 100000 时，三种算法的数值实验结果。具体的数值实验结果显示在表 6.5 中。

表 6.1　三种算法处理测试函数 6.1 的数值实验结果

初始点	Dim($\times10^4$)	A1 算法				A2 算法				本章算法			
		NI	NF	CPU	FV	NI	NF	CPU	FV	NI	NF	CPU	FV
$\boldsymbol{X}_1$	2	27	17	0.10	4.79	27	17	0.09	4.79	27	2	0.07	6.60
	8	27	16	0.38	7.30	27	16	0.36	7.30	28	2	0.34	5.66
	10	28	17	0.49	2.88	28	17	0.50	2.88	28	2	0.46	6.06
$\boldsymbol{X}_2$	2	29	19	0.10	8.94	29	19	0.09	8.94	27	2	0.09	6.14
	8	32	21	0.46	4.17	32	21	0.43	4.17	27	2	0.34	9.46
	10	33	22	0.59	3.23	33	22	0.62	3.23	28	2	0.43	5.62
$\boldsymbol{X}_3$	2	31	20	0.11	2.64	31	20	0.10	2.64	27	2	0.08	7.11
	8	32	20	0.48	1.30	32	20	0.47	1.30	28	2	0.36	6.07
	10	31	19	0.53	3.92	31	19	0.58	3.92	28	2	0.45	6.51
$\boldsymbol{X}_4$	2	28	18	0.11	6.36	28	18	0.12	6.36	27	2	0.08	7.78
	8	29	17	0.38	6.01	29	17	0.36	6.01	28	2	0.31	6.67
	10	30	18	0.61	3.12	30	18	0.57	3.12	28	2	0.44	7.15
$\boldsymbol{X}_5$	2	29	18	0.10	7.13	29	18	0.13	7.13	27	2	0.09	8.79
	8	31	19	0.46	4.92	31	19	0.58	4.92	28	2	0.35	7.54
	10	31	19	0.60	3.66	31	19	0.66	3.66	28	2	0.46	8.09
$\boldsymbol{X}_6$	2	32	21	0.13	4.31	32	21	0.14	4.31	27	2	0.11	6.93
	8	31	19	0.43	3.25	31	19	0.54	3.25	28	2	0.57	5.92
	10	31	19	0.65	4.42	31	19	0.59	4.42	28	2	0.43	6.35
$\boldsymbol{X}_7$	2	33	21	0.13	3.92	33	21	0.13	3.92	30	2	0.09	8.04
	8	33	20	0.50	1.85	33	20	0.50	1.85	31	2	0.38	6.91
	10	33	19	0.61	4.15	33	19	0.59	4.15	31	2	0.48	7.40

表 6.2 三种算法处理测试函数 6.2 的数值实验结果

初始点	Dim($\times 10^4$)	A1 算法				A2 算法				本章算法			
		NI	NF	CPU	FV	NI	NF	CPU	FV	NI	NF	CPU	FV
X_1	0.5	14	26	0.02	2.59	14	26	0.02	2.59	12	4	0.02	1.96
X_2		14	24	0.02	4.32	14	24	0.02	4.32	11	4	0.02	4.32
X_3		15	31	0.01	3.68	15	31	0.01	3.60	18	8	0.02	2.92
X_4		14	25	0.01	7.04	14	25	0.01	7.04	11	5	0.02	4.59
X_5		32	57	0.02	6.02	31	55	0.01	8.33	20	4	0.01	4.62
X_1	2	15	27	0.03	2.71	15	27	0.04	2.71	12	4	0.03	3.91
X_2		14	24	0.03	8.65	14	24	0.03	8.65	11	4	0.02	8.63
X_3		15	31	0.02	7.20	15	31	0.02	7.20	18	8	0.03	5.83
X_4		13	21	0.03	3.30	13	21	0.02	3.30	11	5	0.02	9.17
X_5		33	59	0.05	5.78	32	57	0.04	7.92	20	4	0.02	9.24
X_1	3	15	27	0.04	3.32	15	27	0.05	3.32	12	4	0.03	4.79
X_2		15	26	0.04	2.52	15	26	0.04	2.52	12	4	0.03	1.83
X_3		15	31	0.05	8.82	15	31	0.04	8.82	18	8	0.04	7.15
X_4		13	21	0.04	4.04	13	21	0.04	4.04	12	5	0.03	1.95
X_5		39	69	0.09	7.51	37	65	0.08	7.21	21	4	0.04	4.64
X_1	10	15	27	0.09	6.06	15	27	0.11	6.06	12	4	0.07	8.75
X_2		15	24	0.09	3.67	15	24	0.10	3.67	12	4	0.07	3.35
X_3		16	33	0.12	6.99	16	33	0.13	6.99	19	8	0.11	2.26
X_4		13	21	0.09	7.37	13	21	0.09	7.37	12	5	0.07	3.56
X_5		44	77	0.29	6.79	40	69	0.25	7.37	21	4	0.10	8.48

表 6.3　三种算法处理测试函数 6.3 的数值实验结果

初始点	Dim(×10^4)	A1 算法				A2 算法				本章算法			
		NI	NF	CPU	FV	NI	NF	CPU	FV	NI	NF	CPU	FV
$\boldsymbol{X}_1$	0.5	21	22	0.03	8.78	21	22	0.02	8.78	17	2	0.01	5.51
	3	21	22	0.05	8.78	21	22	0.05	8.78	17	2	0.04	5.51
	8	21	22	0.10	8.78	21	22	0.10	8.78	17	2	0.07	5.51
	10	21	22	0.12	8.78	21	22	0.13	8.78	17	2	0.08	5.51
$\boldsymbol{X}_2$	0.5	22	23	0.01	8.69	22	23	0.02	8.69	19	2	0.02	5.16
	3	22	23	0.06	8.69	22	23	0.05	8.69	19	2	0.04	5.16
	8	22	23	0.11	8.69	22	23	0.12	8.69	19	2	0.09	5.16
	10	22	23	0.15	8.69	22	23	0.14	8.69	19	2	0.11	5.16
$\boldsymbol{X}_3$	0.5	28	25	0.03	8.07	28	25	0.02	8.07	23	2	0.01	8.11
	3	28	24	0.07	9.49	28	24	0.07	9.49	25	2	0.05	5.05
	8	29	25	0.16	9.30	29	25	0.17	9.30	25	2	0.13	8.25
	10	28	23	0.19	6.08	28	23	0.20	6.08	25	2	0.16	9.22
$\boldsymbol{X}_4$	0.5	26	25	0.02	8.39	26	25	0.02	8.39	22	2	0.02	5.28
	3	26	24	0.06	9.51	26	24	0.05	9.51	23	2	0.05	6.46
	8	27	25	0.14	9.31	27	25	0.16	9.31	24	2	0.11	5.28
	10	25	22	0.18	9.56	25	22	0.17	9.56	24	2	0.14	5.90
$\boldsymbol{X}_5$	0.5	34	42	0.02	6.51	34	42	0.03	6.51	31	10	0.02	6.94
	3	36	41	0.10	9.23	36	41	0.09	9.23	32	10	0.08	8.50
	8	23	25	0.16	7.02	23	25	0.16	7.02	33	10	0.18	6.94
	10	23	25	0.18	7.84	23	25	0.20	7.84	33	10	0.21	7.76
$\boldsymbol{X}_6$	0.5	30	29	0.02	6.95	30	29	0.02	6.95	22	2	0.01	6.46
	3	31	27	0.06	8.82	31	27	0.06	8.82	23	2	0.06	7.92
	8	32	27	0.18	6.85	32	27	0.18	6.85	24	2	0.11	6.46
	10	32	27	0.23	7.65	32	27	0.21	7.65	24	2	0.16	7.23

表 6.4 三种算法处理测试函数 6.4 的数值实验结果

初始点	Dim(×10^4)	A1 算法				A2 算法				本章算法			
		NI	NF	CPU	FV	NI	NF	CPU	FV	NI	NF	CPU	FV
$\boldsymbol{X}_1$		137	204	0.33	9.33	137	204	0.33	8.78	46	2	0.07	7.64
$\boldsymbol{X}_2$		131	214	0.32	8.42	132	215	0.31	8.89	43	3	0.08	4.82
$\boldsymbol{X}_3$		74	120	0.12	8.23	74	120	0.13	8.23	22	3	0.05	5.69
$\boldsymbol{X}_4$		67	118	0.20	9.57	67	118	0.19	9.57	33	3	0.08	8.60
$\boldsymbol{X}_5$		78	131	0.18	8.81	78	131	0.15	8.81	28	3	0.04	6.92
$\boldsymbol{X}_6$		107	202	0.28	9.35	132	228	0.30	8.92	49	3	0.09	6.22
$\boldsymbol{X}_7$		131	214	0.12	9.78	132	215	0.29	8.94	43	3	0.06	5.16
$\boldsymbol{X}_8$		51	76	0.15	8.69	51	76	0.11	9.78	18	2	0.04	7.09
$\boldsymbol{X}_9$		134	197	0.36	9.89	134	197	0.27	9.89	40	2	0.06	7.12
$\boldsymbol{X}_{10}$		149	256	0.35	8.55	149	256	0.36	8.55	53	10	0.08	6.71
$\boldsymbol{X}_{11}$		54	95	0.09	8.69	54	95	0.09	8.69	22	3	0.04	6.20
$\boldsymbol{X}_{12}$		56	98	0.10	9.92	56	98	0.09	9.92	25	2	0.03	6.90
$\boldsymbol{X}_{13}$		128	190	0.29	8.60	128	190	0.28	8.60	38	2	0.05	3.74
$\boldsymbol{X}_{14}$		48	88	0.12	9.01	48	88	0.10	9.01	32	2	0.06	5.86
$\boldsymbol{X}_{15}$		133	215	0.31	8.26	132	212	0.27	8.20	44	6	0.08	3.08

表 6.5　三种算法处理测试函数 6.1 至 6.4 的数值实验结果

测试函数	Dim($\times 10^4$)	A1 算法				A2 算法				本章算法			
		NI	NF	CPU	FV	NI	NF	CPU	FV	NI	NF	CPU	FV
6.1	2	27	17	0.09	4.50	27	17	0.10	5.39	27	2	0.07	8.24
		28	18	0.11	9.73	28	18	0.10	4.14	27	2	0.08	8.22
	8	32	21	0.52	3.94	32	20	0.40	7.10	28	2	0.29	6.51
		30	19	0.39	4.69	31	20	0.49	6.87	28	2	0.30	7.05
	10	33	21	0.54	1.83	32	20	0.60	5.49	28	2	0.46	6.88
		32	20	0.51	2.20	31	19	0.47	5.84	28	2	0.38	7.68
6.2	2	26	48	0.04	8.08	25	45	0.05	6.26	28	4	0.03	7.25
		27	51	0.04	8.93	24	42	0.04	3.73	28	4	0.02	8.79
	8	35	55	0.15	6.77	36	57	0.18	7.90	29	4	0.09	8.65
		36	57	0.18	5.05	35	55	0.15	8.84	29	4	0.09	9.24
	10	36	57	0.23	7.83	36	57	0.20	4.60	29	4	0.14	9.53
		37	59	0.21	4.66	35	55	0.19	9.82	30	4	0.11	5.58
6.3	2	28	24	0.04	7.77	28	24	0.04	7.73	24	2	0.04	8.19
		28	24	0.04	7.81	28	24	0.04	7.71	24	2	0.04	8.16
	8	29	25	0.16	9.30	29	25	0.17	9.32	25	2	0.13	8.24
		29	25	0.17	9.28	29	25	0.18	9.33	25	2	0.14	8.23
	10	28	23	0.20	6.11	28	23	0.20	6.05	25	2	0.16	9.20
		28	23	0.19	6.10	28	23	0.19	6.09	25	2	0.15	9.22
6.4	2	128	198	0.28	9.89	125	196	0.29	8.24	47	3	0.08	5.18
		132	203	0.30	8.14	136	207	0.31	8.28	42	3	0.06	6.38
	8	134	199	1.05	9.84	132	199	1.00	8.28	43	4	0.28	9.22
		137	205	1.04	8.50	136	204	1.22	8.54	46	3	0.24	7.39
	10	137	204	1.25	9.14	135	202	1.30	9.23	46	3	0.34	7.11
		133	197	1.22	8.34	139	206	1.30	9.39	44	3	0.28	8.70

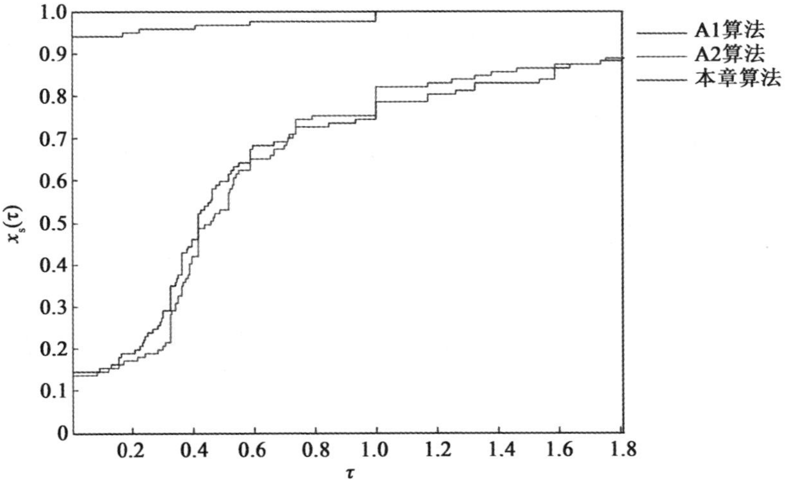

图 6.1　三种算法的运行时间性能曲线

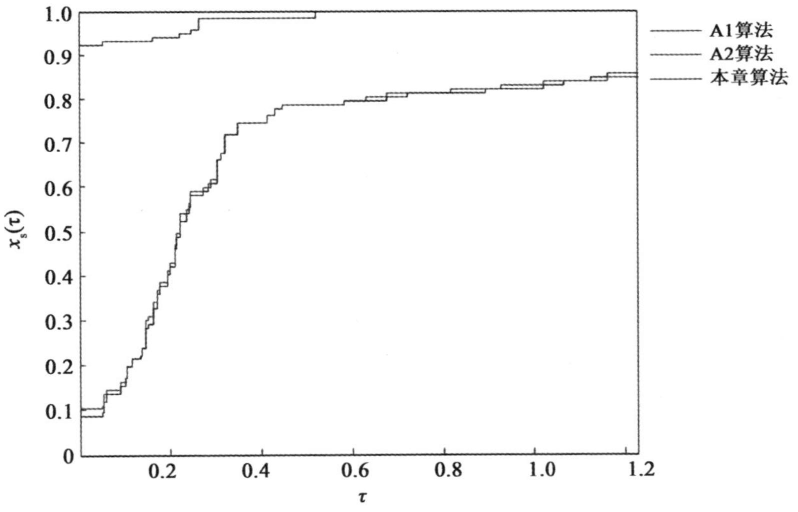

图 6.2　三种算法迭代次数的性能曲线

更进一步，借助 Dolan 和 More[118] 的性能曲线，获得了关于运行时间和迭代次数的性能曲线图 6.1 和 6.2。从图 6.1 和图 6.2 中可以看出，在 CPU 和迭代次数方面，本章的算法优于算法 A1、A2。从表 6.1 至表 6.5 可以看出，在函数值迭代次数方面，本章算法远远好于 A1 和 A2 算法。在此就不画关于函数值迭代次数方面的性能曲线图了。

6.6 在信号恢复中的应用

这个部分分别应用本章算法和算法 A1、A2 来处理典型的压缩感知问题(信号恢复)，并在 NI，CPU，MSE 这三种方面比较这三种算法的优劣。

6.6.1 压缩感知

压缩感知(也叫作稀疏样本)是一种高效恢复稀疏信号的信号处理技术。基于 Shannon-Nyquist 样本理论[133-134]，优化算法被用来从远远少于所需要的样本中恢复信号。该方法是通过寻找失定线性方程系统的解，进而从观测样本中获得恢复的稀疏信号。

跟随文献[135]，考虑从一个不完整的和被污染的观测值中恢复一个未知向量 $\boldsymbol{x}_0 \in \mathbf{R}^n$：

$$\boldsymbol{b} = \boldsymbol{A}\boldsymbol{x}_0 + \boldsymbol{e} \tag{6.22}$$

其中 $\boldsymbol{b} \in \boldsymbol{R}^k$ 是观测值，$\boldsymbol{A} \in \mathbf{R}^{k\times n}(k \ll n)$，$\boldsymbol{e} \in \mathbf{R}^k$ 是误差项。行数远小于列数意味着样本观测值的维数远远小于原始信号的维数。

当尝试从噪声的观测值中恢复原始信号 $\boldsymbol{x}_0$ 时，一个正则化的处理技术被使用来克服式(6.22)中矩阵 $\boldsymbol{A}$ 的病态属性。这样就将寻找式(6.22)的稀疏矩阵的解 $\boldsymbol{x}_0$ 转化为求解下面这个凸的无约束优化问题：

$$\min_{\boldsymbol{x} \in \mathbf{R}^n} \tau \| \boldsymbol{x} \|_1 + \frac{1}{2} \| \boldsymbol{b} - \boldsymbol{A}\boldsymbol{x} \|_2^2 \tag{6.23}$$

其中 $\tau > 0$ 是一个参数，$\| \boldsymbol{v} \|_1$ 和 $\| \boldsymbol{v} \|_2$ 分别定义为 $\boldsymbol{v} \in \mathbf{R}^n$ 的 l_1 和 l_2 范数。

问题式(6.23)能够重写为一个凸的二次规划问题，将 $\boldsymbol{x} \in \mathbf{R}^n$ 分裂成正和负两个部分，有：

$$\left.\begin{aligned} \boldsymbol{x} &= \boldsymbol{u} - \boldsymbol{v} \\ \boldsymbol{u} &\geqslant 0 \\ \boldsymbol{v} &\geqslant 0 \end{aligned}\right\} \tag{6.24}$$

其中 $\boldsymbol{u}_i = \max\{0, \boldsymbol{x}_i\}$ 和 $\boldsymbol{v}_i = \max\{-\boldsymbol{x}_i, 0\}$，$i \in \{1, 2, \cdots, n\}$。由 l_1 范数的定义，$\boldsymbol{x}$ 的 l_1 范数能重写为：

$$\| \boldsymbol{x} \|_1 = \boldsymbol{e}_n^{\mathrm{T}} \boldsymbol{u} + \boldsymbol{e}_n^{\mathrm{T}} \boldsymbol{v} \tag{6.25}$$

其中 $\boldsymbol{e}_n \in [1, 1, \cdots, 1]^{\mathrm{T}} \in \mathbf{R}^n$。

通过结合式(6.24)和式(6.25)，问题式(6.23)能够重新写为含有边界约束的二次型问题：

$$\min_{u, v}\frac{1}{2}\|\boldsymbol{b}-\boldsymbol{A}(\boldsymbol{u}-\boldsymbol{v})\|_2^2+\tau\boldsymbol{e}_n^{\mathrm{T}}\boldsymbol{u}+\tau\boldsymbol{e}_n^{\mathrm{T}}\boldsymbol{v} \tag{6.26}$$

其中 $\boldsymbol{u}\geqslant 0$, $\boldsymbol{v}\geqslant 0$。

通过结合与 l_2 范数相关向量的乘积，问题式(6.26)能写成更加标准的形式：

$$\min_{z\geqslant 0}\frac{1}{2}z^{\mathrm{T}}\boldsymbol{H}\boldsymbol{z}+\boldsymbol{c}^{T}\boldsymbol{z} \tag{6.27}$$

其中

$$\boldsymbol{z}=\begin{bmatrix}\boldsymbol{u}\\ \boldsymbol{v}\end{bmatrix}$$

$$\boldsymbol{c}=\begin{bmatrix}\tau\boldsymbol{e}_n-\boldsymbol{A}^{\mathrm{T}}\boldsymbol{b}\\ \tau\boldsymbol{e}_n+\boldsymbol{A}^{\mathrm{T}}\boldsymbol{b}\end{bmatrix}$$

$$\boldsymbol{H}=\begin{bmatrix}\boldsymbol{A}^{\mathrm{T}}\boldsymbol{A} & -\boldsymbol{A}^{\mathrm{T}}\boldsymbol{A}\\ -\boldsymbol{A}^{\mathrm{T}}\boldsymbol{A} & \boldsymbol{A}^{\mathrm{T}}\boldsymbol{A}\end{bmatrix}$$

明显地，$\boldsymbol{H}$ 是半正定的。所以，问题式(6.27)是一个凸二次规划问题。在文献[136]中证明了 $\boldsymbol{z}$ 是问题式(6.27)的解当且仅当 $\boldsymbol{z}$ 是下面等式的解：

$$\boldsymbol{F}(\boldsymbol{z})=\min\{\boldsymbol{z}, \boldsymbol{H}\boldsymbol{z}+\boldsymbol{c}\}=0,\ z\geqslant 0 \tag{6.28}$$

其中 $\boldsymbol{F}$ 是向量值函数，“min”为分量最小值。

从文献[137]中引理 2.3 和文献[136]中引理 2.2，知道 $\boldsymbol{F}$: $\mathbf{R}^{2n}\rightarrow\mathbf{R}^{2n}$ 是 Lipschitz 连续的和单调的。因此，式(6.28)能够用本章算法求解。

6.6.2 数值结果

本章算法中的参数选择为：$\sigma=1\times10^{-4}$，$\rho=0.6$，$r=0.1$，$\xi=10$。A1 和 A2 的参数的选择来源于文献[100]的第 4.2 部分。

本章数值试验的主要目标就是从一个 k 维的被高斯噪声污染的观测样本中恢复出一个 n 维的稀疏信号。恢复的质量通过平方误差的均值(MSE)来测量：

$$MSE=\frac{1}{n}\|\boldsymbol{x}_0-\boldsymbol{x}^*\|^2$$

其中 $\boldsymbol{x}_0$ 是原始信号，$\boldsymbol{x}^*$ 是恢复信号。

选择 $n=2^{12}$ 和 $k=2^{10}$。原始信号 $\boldsymbol{x}_0$ 随机包含了 2^8 个非零元素。随机矩阵 $\boldsymbol{A}$ 是由 Matlab 中随机命令 $rand(n, k)$ 产生的。观测值 $\boldsymbol{b}$ 通过下面的等式所确定：

$$\boldsymbol{b}=\boldsymbol{A}\boldsymbol{x}_0+\boldsymbol{e}$$

其中 $\boldsymbol{e}$ 是高斯噪声 $N(0,\ 10^{-4})$。

针对三种算法，式(6.29)中的参数 τ 通过相同的连续性技术获得。迭代的初始点为 $\boldsymbol{z}_0=(\boldsymbol{u}_0,\ \boldsymbol{v}_0)^{\mathrm{T}}$，其中 $\boldsymbol{u}_0=\boldsymbol{v}_0=\boldsymbol{A}^{\mathrm{T}}\boldsymbol{b}$，而且迭代的终止条件为：

$$\frac{\|\boldsymbol{f}(\boldsymbol{x}_k)-\boldsymbol{f}(\boldsymbol{x}_{k-1})\|}{\|\boldsymbol{f}(\boldsymbol{x}_{k-1})\|}<10^{-5}$$

其中

$$\boldsymbol{f}(\boldsymbol{x})=\tau\|\boldsymbol{x}\|_1+\frac{1}{2}\|\boldsymbol{b}-\boldsymbol{A}\boldsymbol{x}\|_2^2 \tag{6.29}$$

是目标函数。

具体的数值实验结果显示在图 6.3~图 6.5 中。

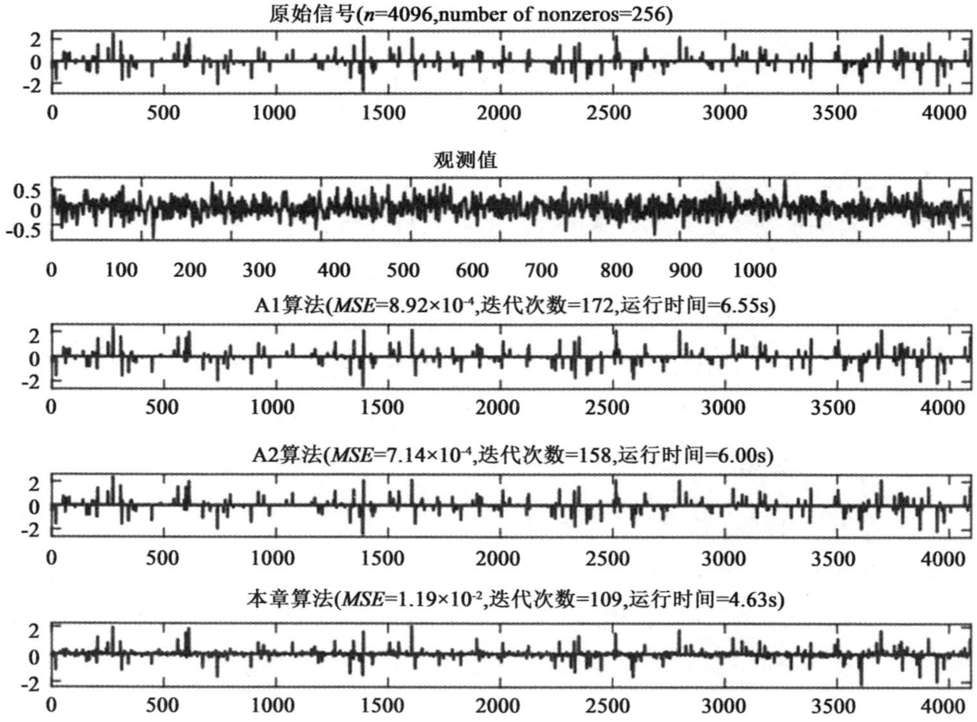

图 6.3　原始信号、观测值、三种算法恢复的信号

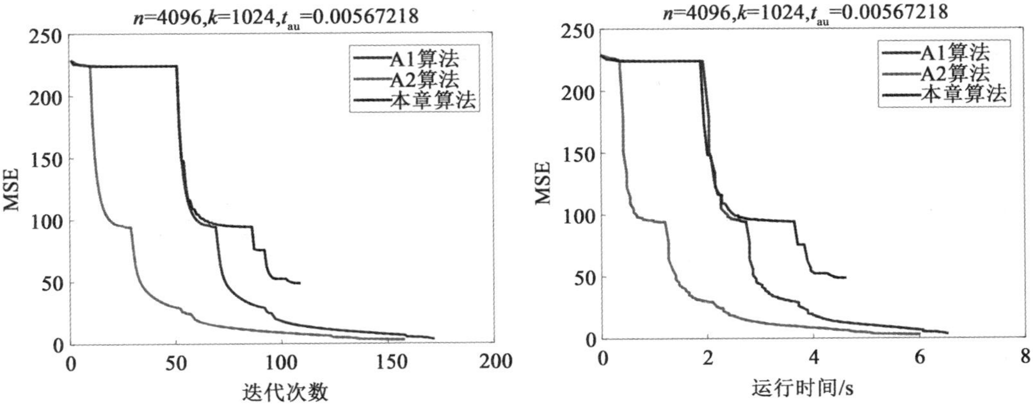

图 6.4 三种算法在 MSE 方面的迭代次数和运行时间图

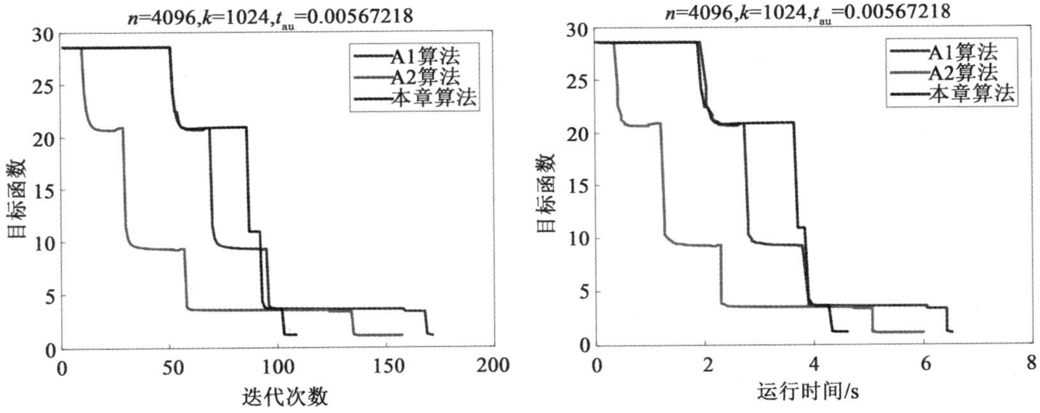

图 6.5 三种算法在目标函数方面的迭代次数和运行时间图

图 6.3 显示原始信号 $\boldsymbol{x}_0$、观测值 $\boldsymbol{b}$ 和用三种算法恢复的信号 $\boldsymbol{x}^*$。图 6.4 和图 6.5 显示 MSE 和目标函数值在迭代次数和运行时间上的变化趋势。从图 6.3 可以观测到利用三种算法原始信号几乎能够准确地从观测值中恢复出来，并且，与算法 A1 和 A2 相比，本章算法需要更少的迭代次数和运行时间。图 6.4 和图 6.5 显示本章算法获得的 *MSE* 和目标函数值优于 A1 和 A2 算法获得的。

表 6.6 三种算法的 10 组实验结果和平均结果

	A1 算法			A2 算法			本章算法		
	MSE	NI	CPU	MSE	NI	CPU	MSE	NI	CPU
	1.19×10^{-3}	156	5.02	1.19×10^{-3}	116	3.66	9.87×10^{-3}	108	3.55
	8.03×10^{-4}	186	6.03	8.10×10^{-4}	148	4.39	9.27×10^{-3}	118	3.72
	7.31×10^{-4}	175	5.28	7.31×10^{-4}	136	4.16	6.00×10^{-3}	129	4.02
	4.32×10^{-4}	182	5.63	4.32×10^{-4}	142	4.22	7.46×10^{-3}	127	3.89
	6.60×10^{-4}	179	5.70	6.60×10^{-4}	139	4.80	9.64×10^{-3}	122	3.91
	1.19×10^{-3}	184	5.84	1.19×10^{-3}	144	4.66	9.96×10^{-3}	127	4.22
	1.48×10^{-4}	195	6.11	1.58×10^{-4}	151	4.75	7.88×10^{-3}	121	4.14
	3.36×10^{-4}	197	5.98	3.91×10^{-4}	139	4.14	5.59×10^{-3}	129	4.08
	5.68×10^{-4}	188	5.45	5.68^{-4}	147	4.44	9.22×10^{-3}	114	3.56
	1.49×10^{-3}	159	4.78	1.25×10^{-3}	148	4.81	9.13×10^{-3}	119	3.80
均值	6.21×10^{-4}	180.1	5.58	7.38×10^{-4}	141	4.40	8.40×10^{-3}	121.4	3.89

为了公平的比较，又额外做了 10 组实验。这 10 组实验的初始点 $\boldsymbol{x}_0$ 由 Matlab 随机产生。数值实验结果放在表 6.6 中。从表 6.6 可以看出，本章的算法比 A1 和 A2 拥有更少的迭代次数和运行时间。

6.7 本章小结

在这一章中，提出一种含有双参数的三项投影算法。首先，构造了一种含有双参数的三项共轭梯度法，其参数是通过拟牛顿方程和化简相关矩阵的最大特征值获得。然后，结合投影技术，提出一种三项投影算法。在恰当的假设条件下，该算法是全局和 R 阶线性收敛的。最后，将该算法应用于求解大规模含有凸约束的单调非线性方程组和恢复稀疏信号，并取得了较好的实验结果。

7 总结与展望

7.1 总结

本书讨论了五种基于共轭梯度法的投影算法，并将这些算法运用到求解大规模非线性方程组和信号恢复中。

本书首先介绍了关于经典的共轭梯度法的一些研究情况，随后，又较为系统地总结了线搜索技术，为后面新算法的构造和改进做好准备。本书的核心内容主要由五个部分构成，具体包含的内容如下：

第二部分提出了一种含有谱商参数的三项无导数投影算法。首先，提出一种含谱商参数的三项共轭梯度法，该方法满足 Dai-Liao 共轭条件、拟牛顿方程和充分下降条件，而且这些性质不依赖于任何线搜索。然后，证明了该算法是全局和 R 阶线性收敛的。最后，将该算法应用于求解大规模单调非线性方程组。

第三部分提出了一种基于 LS 法的高效三项无导数投影算法。首先，在 Wang 等提出的 HS 法和 LS 法的基础上，设计出满足同样性质的无导数三项投影算法。其次，证明了该算法的全局性和 R 阶线性收敛。最后，将该算法应用于求解大规模单调非线性方程组。

第四部分受 Andrei 工作的启发，首先设计了一种含有单个自适应参数的三项无导数投影算法。其自适应参数是通过极小化相关矩阵与 BFGS 迭代矩阵之间的距离获得的。而 BFGS 迭代矩阵中的参数是由 Oren 和 Luenberger 与 Oren 和 Spedicato 来确定的。然后，证明了两种算法的全局收敛性和 R 阶线性收敛。最后，将两种算法应用于求解大规模含有凸约束的单调非线性方程组和信号恢复中。

第五部分提出一种高效的三项无导数投影算法。首先，在原有算法的基础上，通过添加谱商参数，并结合 Dai-Liao 共轭条件，设计出新的三项投影算法。然后，证明了算法的全局收敛性和 R 阶线性收敛。最后，将该算法应用于求解大规模含有凸约束的单调非线性方程组和信号恢复中。

第六部分提出一种含有双参数的三项投影算法。首先，构造一种含有双参数的三项共轭梯度法。参数是通过拟牛顿方程和化简相关矩阵的最大特征值获得的。然后结合投影技术，提出一种三项投影算法。然后，证明了该算法的全局收敛性和 R 阶线性收敛。最后将该算法应用于求解大规模含有凸约束的单调非线性方程组和信号恢复中。

7.2 展望

近年来，基于共轭梯度法的三项投影算法的理论和应用是研究的热点。最近，Andrei 一直致力于用含参数的三项共轭梯度法来处理无约束优化问题。在相关矩阵的基础上，Andrei 提出了一系列的方法来获得自适应参数。同时，Babaie-Kafaki、Ghanbari 和 Livieris 等国外学者及 Han、Liu、Dong、Li 和 Yuan 等国内学者也做了一些工作。受上述专家和学者的启发，笔者目前的工作主要集中在获得自适应参数上。

近年来，国内外专家学者一直都致力于在经典的 HS 法的基础上，设计出 Dai-Liao 型的三项共轭梯度法。其设计的关键点在于 Dai-Liao 型中调比因子的获得方法。目前，笔者尝试用 LS 法来代替 HS 法，设计含有调比因子的 Dai-Liao 型的三项共轭梯度法。以后，笔者会尝试用其他经典的共轭参数，设计含有调比因子的 Dai-Liao 型共轭梯度法。与此同时，目前大部分调比因子的确定方法，都集中在对相关矩阵、对称 Perry 阵和 BFGS 迭代矩阵的处理上。笔者今后会进一步考虑反对称 Perry 阵、DFP 迭代矩阵[142]、PSB 迭代矩阵[142]、Broyden 族迭代矩阵[142]、Huang 族迭代矩阵[142]与相关矩阵之间的联系。

在获得自适应参数的过程中，其他学者大部分都将研究的重心放在单参数的设计上，今后笔者会进一步考虑多参数的设计结构。因为单参数的迭代结构会导致相关矩阵的特征值的偏移，要克服这个弊端，多参数迭代结构是很重要的。与此同时，在今后设计时还会考虑使用 Gram-Schmidt 正交变换和拟牛顿方程。

文献中的工作大部分都集中在处理无约束优化问题，笔者今后的工作将更侧重于用自适应三项共轭梯度法来处理一些实际问题。一方面是将笔者设计的算法应用到各种图像的去噪模型中；另一方面是通过结合投影技术，将本书的算法用于处理含有凸约束的单调非线性方程组和信号恢复问题中去。

参考文献

[1]HESTENES M R, STIEFEL E. Methods of conjugate gradients for solving linear systems[J]. Journal of Research of the National Bureau of Standards, 1952, 49(6): 409-436.

[2]FLETCHER R, REEVES C M. Function minimization by conjugate gradient[J]. The Computer Journal, 1964(7): 149-154.

[3]戴彧虹，袁亚湘.非线性共轭梯度法[M].上海：上海科学技术出版社，2000.

[4]ARMIJO L. Minimization of functions having Lipschitz continuous first partial derivatives[J]. Pacific Journal of Mathematics, 1966(6): 1-3.

[5]LEONE R D, GAUDIOSO M, GRIPPO L. Stopping criteria for line search methods without derivatives[J]. Mathematical Programming, 1984(30): 285-300.

[6]WOLFE P. Convergence conditions for ascent methods[J]. SIAM Review, 1969(11): 226-235.

[7] NOCEDAL J, WRIGHT S J. Numerical Optimization [M]. Berlin: Springer, 2006.

[8]WANG C, CHEN Y, DU S. Further insight into Shamanskii modification of Newton method[J]. Applied Mathematics and Computation, 2006(180): 46-52.

[9]GRIPPO L, LUCIDI S. A globally convergent version of the Polak-Ribiere conjugate gradient algorithm[J]. Mathematics Programming, 1997(78): 375-391.

[10]POLAK E, RIBIERE G. Note sur la convergence de directions conjugees[J]. Rev. FrancaiseInformat Recherche Operatinelle, 3e Annee, 1969(16): 35-43.

[11]POLYAK B T. The conjugate gradient method in extreme problems[J]. USSR Computational Mathematics and Mathematical Physics, 1969(9): 94-112.

[12]FLETCHER R. Practical methods of optimization vol. 1: unconstrained optimization[M]. New York: John Wiley & Sons, 1987.

[13] LIU Y, STOREY C. Efficient generalized conjugate gradient algorithms[J]. Part 1: TheoryJournal of Optimization Theory and Applications, 1991(69):

129-137.

[14]DAI Y H, YUAN Y. A nonlinear conjugate gradient with a strong global convergence properties[J].SIAM Journal on Optimization, 2000(10): 177-182.

[15] ZOUTENDIJK G. Nonlinear programming, computational methods [M]// ABADIE J. Integer and Nonlinear Programming. North-Holland: Amsterdanm, 1970.

[16] POWELL M J D. Restart procedures of the conjugate gradient method[J]. Mathematical Programming, 1977, 12(1): 241-254.

[17]Al-BAALI M. Descent property and global convergence of the Fletcher-Reeves method with inexact line search[J]. IMA Journal of Numerical Analysis, 1985 (5): 121-124.

[18]LIU G H, HAN J Y, YIN H X. Global convergence of the Fletcher-Reeves algorithm with an inexact line search[J]. Applied Mathematics, 1995, 10(1): 75-82.

[19]DAI Y H, YUAN Y. Convergence of the Fletcher-Reeves method under a generalized Wolfe search[J]. Journal Computational Mathematics of Chinese Universities, 1996, 2(1): 142-148.

[20]DAI Y H, YUAN Y. Convergence properties of the Fletcher-Reeves method[J]. IMA Journal of Numerical Analysis, 1996, 16(2): 155-164.

[21]WANG C Y, ZHANG Y Z. Global convergence properties of s-related conjugate gradient methods[J]. Chinese Science Bulletin, 1998, 43(23): 1959-1965.

[22]LI D H, WANG X L. A modified Fletcher-Reeves-type derivative-free method for symmetric nonlinear equation[J]. Numerical Algebra Control and Optimization, 2011, 1(1): 71-82.

[23] BABAIE-KAFAKI S, GHANBARI R. A hybridization of the Polak-Ribière-Polyak and Fletcher-Reeves conjugate gradient methods[J]. Numerical Algorithms, 2015, 68(3): 481-495.

[24]ZHANG L, ZHOU W, ZHOU W, et al. A descent modified Polak-Ribiere-Polyak conjugate gradient method and its global convergence[J].IMA Journal of Numerical Analysis 2006, 26(4): 629-640.

[25]PAPP Z, RAPAJI S. FR type methods for systems of large-scale nonlinear monotone equations [J]. Applied Mathematics and Computation, 2015 (269): 816-823.

[26]ZENG M L, ZHOU G H.A modified FR conjugate gradient method for computing-eigenpairs of symmetric tensors[J].Bulletin of Australian Mathematical Society, 2016, 94(3): 1-10.

[27]LI X L, ZHANG W, DONG X L. A class of modified FR conjugate gradient method and applications to non-negative matrix factorization[J]. Computers and Mathematics with Applications, 2017(73): 270-276.

[28] GILBERT J C, NOCEDAL J. Global convergence properties of conjugate gradient methods for optimization[J]. SIAM Journal on Optimization, 1992, 2(1): 21-42.

[29]POWELL M J D. Convergence properties of algorithms for nonlinear optimization[J]. SIAM Review, 1986, 28(4): 487-500.

[30]ZHOU W, SHEN D. An inexact PRP conjugate gradient method for symmetric nonlinear equations[J]. Numerical Functional Analysis and Optimization, 2014, 35(3): 370-388.

[31]LI M. A derivative-free PRP method for solving large-scale nonlinear systems of equations and its global convergence[J]. Optimization Methods and Software, 2014, 29(3): 503-514.

[32] BABAIE-KAFAKI S, GHANBARI R. A descent extension of Polak-Ribiere-Polyak conjugate gradient method[J]. Computers & Mathematics with Applications, 2014, 68(12): 2005-2011.

[33]YUAN G, DUAN X, LIU W,et al. Two new PRP conjugate gradient algorithms for minimization optimization models[J]. Plos One, 2015, 10(10): e0140071.

[34]YUAN G, ZHANG M. A three-term Polak-Ribiere-Polyak conjugate gradient algorithm for large-scale nonlinear equations[J]. Journal of Computational and Applied Mathematics, 2015(286): 186-195.

[35]ZHOU W, WANG F. A PRP-based residual method for large-scale monotone nonlinear equations[J]. Applied Mathematics and Computation, 2015(261): 1-7.

[36]YUAN G, WEI Z. A modified PRP conjugate gradient algorithm with nonmonotone line search for nonsmooth convex optimization problem[J]. Journal of Applied Mathematics and Computing, 2016, 51(12): 397-412.

[37]DONG X L, LIU H W, HE Y B, et al. A new three-term conjugate gradient method with desecnt direction for unconstrained optimization[J].Mathematical

Modelling and Analysis, 2016, 21(3): 399-411.

[38]YIN J, WANG L, JIANG X. A modified PRP conjugate gradient method with Armijo line search for large-scale unconstrained optimization[C]. 2017 36th Chinese Control Conference (CCC). IEEE, 2017.

[39]WU Y L. A modified three-term PRP conjugate gradient algorithm for optimization models[J]. Journal of Inequalities and Applications, 2017(1): 97.

[40]TARZANAGH D A, NAZARI P, PEYGHAMI M R. A nonmonotone PRP conjugate gradient method for solving square and under-determined systems of equations[J]. Computers & Mathematics with Applications, 2017, 73(2): 339-354.

[41]BABAIE-KAFAKI S, GHANBARI R. An optimal extension of the Polak-Ribière-Polyak conjugate gradient method[J]. Numerical Functional Analysis & Optimization, 2017, 38(9): 1115-1124.

[42]MOHAMMAD H. A diagonal PRP-type projection method for convex constrained nonlinear monotone equations[J]. Journal of Industrial and Management Optimization, 2018, 17(1): 101-106.

[43]戚厚铎，韩继业，刘光辉.修正 Hestenes-Stiefel 共轭梯度算法[J].数学年刊，1996，17A(3)：177-284.

[44]PERRY J M. A class of conjugate gradient algorithms with a two-step variable-metric memory[D].Evanston: Northwestern University, 1977.

[45]YUAN G, ZHANG M. A modified Hestenes-Stiefel conjugate gradient algorithm for large-scale optimization[J]. Numerical Functional Analysis and Optimization, 2013, 34(8): 914-937.

[46]ANDREI N.On three-term conjugate gradient algorithm for unconstrained optimization[J]. Applied Mathematics and Computation, 2013, 129(11): 6316-6327.

[47]ANDREI N. A simple three-term conjugate gradient algorithm for unconstrained optimization[J]. Journal of Computation & Applied Mathematics, 2013, 24(16): 19-29.

[48]LIU J K, LI S J. New three-term conjugate gradient method with guaranteed global convergence[J]. International Journal of Computer Mathematics, 2014, 91(8): 1744-1754.

[49]QU A, LIU J. The convergence rate of a three-term HS method with restart

strategy for unconstrained optimization problems[J]. Optimization, 2014, 63(9): 1387-1400.

[50]SHAPIEE N, RIVAIE M, MAMAT M, et al. A new modification of Hestenes-Stiefel method with descent properties [C]. American Institute of Physics, 2014:520-526.

[51]DAI Z F, CHEN X H, WEN F H. A modified Perry's conjugate gradient method-based derivative-free method for solving large-scale nonlinear monotone equations[J]. Application Mathematics and Computation, 2015(270): 378-386.

[52]DONG X L, LIU H W, HE Y B, et al. A modified Hestenes-Stiefel conjugate gradient method with sufficient descent condition and conjugacy condition[J]. Journal of Computational & Applied Mathematics, 2015(281): 239-249.

[53]SUN M, LIU J. New hybrid conjugate gradient projection method for the convex constrained equations[J]. Calcolo, 2016, 53(3): 399-411.

[54]WANG X Y, LI S J, KOU X P. A self-adptive three-term conjugate gradient method for mono-tone nonlinear equations with convex constraints[J]. Calcolo, 2016, 53(2): 133-145.

[55] SALLEH Z, ALHAWARAT A. Alhawarat. An efficient modification of the Hestenes-Stiefel nonlinear conjugate gradient method with restart property[J]. Journal of Inequalities & Applications, 2016(1): 110.

[56]DONG X L, HAN D R, GHANBARI R, et al. Some new three-term Hestenes-Stiefel conjugate gradient methods with affine combination[J]. Optimization, 2017, 66(5): 759-776.

[57]YAO S W, NING L S. An adaptive three-term conjugate gradient method based on self-scaling memoryless BFGS matrix[J]. Journal of Computational and Applied Mathematics, 2018(332): 72-85.

[58] LIVIERIS I E, TAMPAKAS V, PINTELAS P. A descent hybrid conjugate gradient method based on the memoryless BFGS update[J]. Numerical Algorithms, 2018(5): 1-17.

[59] AMINI K, FARAMARZI P, PIRFALAH N. A modified Hestenes-Stiefel conjugate gradient method with an optimal property[J]. Optimization Methods and Software, 2018(1): 1-13.

[60] NARUSHIMA Y, YABE H, FORD J A. A three-term conjugate gradient method with sufficient descent property for unconstrained optimization[J]. SIAM

Journal on Optimization, 2011, 21(1): 212-230.

[61] LI M. A modified Hestense-Stiefel conjugate gradient method close to the memoryless BFGS quasi-Newtow method[J]. Optimization Method & Software, 2018 (33): 336-353.

[62] DAI Y H. Some new properties of a nonlinear conjugate gradient method[D]. Beijing: Chinese Academy of Sciences, 1998.

[63] JIANG X Z, JIAN J B. A sufficient descent Dai-Yuan type nonlinear conjugate gradient method for unconstrained optimization problems [J]. Nonlinear Dynamics, 2013, 72(2): 101-112.

[64] LIU J K, LI S J. Spectral DY-type projection method for nonlinear monotone systems of equations[J]. Journal of Computational Mathematics, 2015, 33(4): 341-354.

[65] BABAIE-KAFAKI S, GHANBARI R. A hybridization of the Hestenes-Stiefel and Dai-Yuan conjugate gradient methods based on a least-squares approach[J]. Optimization Methods & Software, 2015, 30(4): 673-681.

[66] WANG K R, GAO P T. Two mixed conjugate gradient methods based on DY [J].Journal of Shandong University(Natural Science), 2016, 51(6): 16-23.

[67] LI C. A feasible DY conjugate gradient method for linear equality constraints [C].Materials Science & Engineering Conference Series, 2017.

[68] QIAO B, YANG L, LIU J, et al. A mixed conjugate gradient method for unconstrained optimization problem[C]. International Conference on Computational Intelligence& Security. IEEE Computer Society, 2017.

[69] DAI Y H, LIAO L Z. New conjugacy conditions and related nonlinear conjugate gradient methods[J]. Applied Mathematics and Optimization, 2001, 43(1): 87-101.

[70] LI G, TANG C, WEI Z. New conjugacy condition and related new conjugate gradient methods for unconstrained optimization[J].Computational and Applied Mathematics, 2007, 202(2): 523-539.

[71] ZHANG J G, XIAO Y H, WEI Z X. Nonlinear conjugate gradient methods with sufficient descent condition for large-scale unconstrained optimization[J]. Mathematical Problems in Engineering, 2009: 243290.

[72] DAI Y H, KOU C X. A nonlinear conjugate gradient algorithm with an optimal property and an improved Wolfe line search[J]. SIAM Journal on Optimization,

2013(23): 296-320.

[73] BABAIE-KAFAKI S, GHANBARI R. The Dai-Liao nonlinear conjugate gradient method with optimal parameter choices[J]. Europe Journal Operation Research, 2014, 234(3): 625-630.

[74] BABAIE-KAFAKI S, GHANBARI R. A descent family of Dai-Liao conjugate gradient methods[J].Optimization Method and Software, 2014(29): 583-591.

[75] BABAIE-KAFAKI S, GHANBARI R. Two optimal Dai-Liao conjugate gradient methods[J].Optimization, 2015, 64(11): 2277-2287.

[76] FATEMI M. An optimal parameter for Dai-Liao family of conjugate gradient methods[J]. Journal of Optimization Theory Applications, 2016, 169(2): 587-605.

[77] ANDREI N. An adaptive conjugate gradient algorithm for large-scale unconstrained optimization[J], Journal of Computational and Applied Mathematics, 2016(292): 83-91.

[78] CHENG Y, MOU Q, PAN X, et al. A sufficient descent conjugate gradient method and its global convergence[J]. Optimization Methods and Software, 2016(31): 1-14.

[79] BABAIE-KAFAKI S, GHANBARI R. Descent symmetrization of the Dai-Liao conjugate gradient method[J]. Asia-Pacific Journal of Operational Research, 2016, 33(2): 10.

[80] DONG X L, HE Y B. A modified three conjugate gradient method with sufficient descent condition and adaptive conjugacy condition[J]. Acta Mathematicae Applicatae Sinica, 2016(39): 58-70.

[81] BABAIE-KAFAKI S, GHANBARI R. A class of adaptive Dai-Liao conjugate gradient methods based on the scaled memoryless BFGS update[J].4OR(Quarterly Journal of the Beigian,French and Italian Operations Research Societies), 2017(15): 85-92.

[82] ANDREI N. Accelerated adaptive Perry conjugate gradient algorithms based on the self-scaling memoryless BFGS update[J]. Journal of Computational and Applied Mathematics, 2017(325): 149-164.

[83] ZHENG Y, ZHENG B. Two new Dai-Liao-type conjugate gradient methods for unconstrained optimization problems[J]. Journal of Optimization Theory Applications, 2017, 175(2): 502-509.

[84] BABAIE-KAFAKI S, GHANBARI R. Two adaptive Dai-Liao nonlinear conjugate gradient methods[J]. Iranian Journal of Science and Technology, Transcations A(Science), 2018(42): 1505-1509.

[85] HAGER W W, ZHANG H C. A new conjugate gradient method with guaranteed descent and an efficient line search[J]. SIAM Journal on Optimization, 2005(16): 170-192.

[86] XIAO Y, ZHU H. A conjugate gradient method to solve convex constrained monotone equations with applications in compressive sensing[J]. Journal of Mathematical Analysis and Applications, 2013(405): 310-319.

[87] LIU J K. Convergence properties of a class nonlinear conjugate gradient methods [J].Computer Operations Research, 2013(40): 2656-2661.

[88] BABAIE-KAFAKI S. On the sufficient descent condition of the Hager-Zhang conjugate method gradient methods[J].4OR(Quarterly Journal of the Beigian, French and Italian Operations Research Societies), 2014(12): 285-292.

[89] DONG X L, LIU H W, HE Y B. New version of the three-term conjugate gradient method based on spectral scaling conjugacy condition that generates descent search direction[J]. Applied Mathematics and Computation, 2015(269): 606-617.

[90] LIU J K, LI S J. A projection method for convex constrained monotone nonlinear equations with application[J]. Computers and Mathematics with Applications, 2015(70): 2442-2453.

[91] YUAN G L, ZHOU S, LIU W J, et al. The modified HZ conjugate gradient algorithm for large-scale nonsmooth optimization[J]. Plos ONE, 2016, 11(10): 0164289.

[92] DONG X L, LIU H W, HE Y B. A self-adjusting conjugate gradient method with sufficient descent condition and conjugacy condition[J]. Journal of Optimization Theory and Applications, 2015(165): 225-241.

[93] AL-BAALI M, NARUSHIMA Y, YABO H. A family of three-term conjugate gradient methods with sufficient descent property for unconstrained optimization [J]. Computational Optimization and Applications, 2015, 60(1): 89-110.

[94] ANDREI N. Eigenvalues versus singular values study in conjugate gradient algorithms for large-scale unconstrained optimization[J]. Optimization Method & Software, 2017(32):534-551.

[95] ANDREI N. An adaptive scaled BFGS method for unconstrained optimization [J]. Numerical Algorithms, 2018(77): 413-432.

[96] ANDREI N. A double parameter scaled BFGS method for unconstrained optimization[J]. Journal of Computational and Applied Mathematics, 2018(332): 26-44.

[97] BABAIE-KAFAKI S. A hybrid scaling parameter for the scaled memoryless BFGS method based on the l_∞ matrix norm [J]. International Journal of Computer Mathematics, 2018(2): 1-11.

[98] ANDREI N. A double-parameter scaling Broyden-Fletcher-Goldfarb-Shanno method Based on minimizing the measure function of Byrd and Nocedal for unconstrained optimization [J]. Journal of Optimization Theory and Applications, 2018(178): 191-218.

[99] YAO S, HE D, SHI L. An improved Perry conjugate gradient method with adaptive parameter choice[J]. Numerical Algorithms, 2018(78): 1255-1269.

[100] GAO P T, HE C J, LIU Y. An adaptive family of projection methods for constrained monotone nonlinear equations with applications[J]. Applied Mathematics and Computation, 2019(359): 1-16.

[101] YAO S W, NING L S, TU H N, et al. A one-parameter class of three-term conjugate gradient methods with an adaptive parameter choice[J]. Optimization Method & Software, 2020, 35(6): 1051-1064.

[102] GAO P T, WANG T, LIU X L, et al. An efficient three-term conjugate gradient-based algorithm Involving spectral quotient for solving convex constrained monotone nonlinear equations with applications[J]. Computational and Applied Mathematics, 2022(41): 89.

[103] GAO P T, ZHENG W, WANG T, et al. Signal recovery with constrained monotone nonlinear equations through an effective three-term conjugate gradient method[J]. Journal of Applied Analysis and Computation, 2023, 13(4): 2006-2025.

[104] SOLODOV M V, SVAITER B F. Reformulation: nonsmooth, piecewise smooth, semismooth and smoothing methods[M]//FUKUSHIMA M, QI L. A globally convergent inexact Newton method for systems of monotone equations. Dordrecht: Kluwer Academic Publishers, 1998.

[105] OREN S S, LUENBERGER D G. Self-scaling variable metric (SSVM) algo-

rithms. I Criteria and sufficent conditions for scaling a class of algorithms[J]. Management Science, 1973,74(20): 845-862.

[106] OREN S S, SPEDICATO E. Optimal conditioning of self-scaling variable metric algorithms[J]. Mathematical Programming, 1976(10): 70-90.

[107] DENNIS J E, MORE J J. A characterization of superlinear convergence and its application to quasi-Newton methods[J]. Mathematics of Computation, 1974(28): 549-560.

[108] DENNIS J E, MORE J J. Quasi-Newton method, motivation and theory[J]. SIAM Review, 1977(19): 46-89.

[109] ZHOU G, TOH K C. Superlinear convergence of a Newton-type algorithm for monotone equations[J]. Journal of Optimization Theory Application, 2005(125): 205-221.

[110] ZHOU W, LI D. Limited memory BFGS method for nonlinear monotone equations[J]. Journal of Computational Mathematics, 2007(25): 89-96.

[111] ZHOU W J, LI D H. A globally convergent BFGS method for nonlinear monotone equations without any merit functions[J]. Mathematics of Computation, 2008(77): 2231-2240.

[112] LIU J K. Two efficient nonlinear conjugate gradient methods[J]. Mathematica Numerica Sinica, 2013(35): 286-296.

[113] LIU J K, LI S J. A three-term derivative-free projection method for nonlinear monotone system of equations[J]. Calcolo, 2016(53): 427-450.

[114] DAI Z, CHEN X, WEN F. A modified perrys conjugate gradient gradient with applications[J]. Computers & Mathematics with Applications, 2015(70): 2442-2453.

[115] SUN W, YUAN X Y. Optimization Theory and methods[M]. Berlin: Springer, 2005.

[116] BARZLAI J, BORWEIN J M. Two point step size gradient methods[J]. IMA Journal of Numerical Analysis, 1988(8): 141-148.

[117] WANG C, WANG Y, XU C. A projection method for a system of nonlinear monotone equations with convex constraints[J]. Mathematical Methods of Operations Research, 2007(66): 33-46.

[118] DOLAN E D, MORE J J. Benchmarking optimization sofeware with performance profiles[J]. Mathematical programming, 2002(91): 201-213.

[119] MEINTJES K, MORGAN A P.A methodology for solving chemical equilibrium systems[J].Applied Mathematics and Computation, 1987(22): 333-361.

[120] MEINTJES K, MORGAN A P.Chemical equilibrium systems as numerical test problems[J].ACM Transactions on Mathematical Software, 1990, 16(2): 143-151.

[121] EI-HAWARY M E.Optimal power flow: solution techniques, Challenges[C]. IEEE Service Center, Piscataway, 1996.

[122] DIRKSE S P, FERRIS M C.MCPLIB: a collection of nonlinear mixed complementarity problems [J]. Optimization Methods & Software, 1995 (5): 319-345.

[123] DENNIS J E, SCHNABLE R B.Numerical methods for unconstrained optimization and nonlinear equations[M]. Englewood Cliffs:Prentice-Hall, 1983.

[124] QI L, SUN J.A nonsmooth version of Newton's method[J].Mathematical Programming, 1993(58): 353-367.

[125] YAMASHITA N, FUKUSHIMA M. On the rate convergence of the Levenberg-Marquardt method [J].Computing Supplementum, 2001(15): 239-249.

[126] SOLODOV M V, SVAITER B F.A new projection method for variational inequality problem[J]. SIAM Journal of Control and Optimization, 1999, 37(3): 765-776.

[127] CHENG W Y. A PRP type method for systems of monotone equations[J]. Mathematics and Computer Modelling, 2009(50): 15-20.

[128] ZHANG L, ZHOU W, LI D H.Some descent three-term conjugate gradient methods and their global convergence[J].Optimization Methods and Software, 2007(22): 697-711.

[129] ZHANG L, ZHOU W.Spectral gradient projection method for solving nonlinear monotone equations[J].Computational and Applied Mathematics, 2006(196): 478-484.

[130] CRUZ L W, MARTINEZ J M, RAYDAN M.Spectral residual method without gradient information for solving large-scale nonlinear systems of equations[J]. Mathematics of Computation, 2006(75): 1429-1448.

[131] GAO P T, HE C J. An efficient three-term conjugate gradient method for nonlinear monotone equations with convex constraints[J]. Calcolo, 2018(55): 53.

[132] LI D, FUKUSHIMA M. A globally and superlinearly convergent guass-newton-

based BFGS method for symmetric nonlinear equations[J].SIAM Journal of Numerical Analysis, 1999(37): 152-172.

[133] CANDES E J, ROMBERG J K, TAO T. Stable signal recovery from incomplete and inaccurate measurements[J].Communications on Pure and Applied Mathematics, 2006(59): 1207-1223.

[134] DONOHO D L. Compressed sensing[J]. IEEE Transactions on Information Theory, 2006(52): 1289-1306.

[135] FUCHS J J, Multipath time-delay detection and estimation[J]. IEEE Transactions on Signal Processing, 1999(47): 237-243.

[136] XIAO Y H, WANG Q Y, HU Q J. Non-smooth equations based method for l_1-norm problems with applications to compressed sensing [J]. Nonlinear Analysis, 2011(74): 3570-3577.

[137] PANG J S. Inexact Newton methods for the nonlinear complementary problem [J]. Mathematical Programming, 1986(36): 54-71.

[138] YIN J H, JIAN J B, JIANG X Z. A new conjugate gradient projection method for convex constrained nonlinear equations[J].Complexity, 2020: 1-14.

[139] YIN J H, JIAN J B, JIANG X Z. A generalized hybrid CGPM-based algorithm for solving large-scale convex constrained equations with applications to image restoration[J]. Journal of Computational and Applied Mathematics, 2021(391): 113423.

[140] YIN J H, JIAN J B, JIANG X Z. A hybrid three-term conjugate gradient projection method for constrained nonlinear monotone equations with applications [J].Numerical Algorithms, 2021(88): 389-418.

[141] GAO P, HE C. A derivative-free three-term projection algorithm involving spectral quotient for solving nonlinear monotone equations[J]. Optimization, 2018, 67(10): 1631-1648.

[142] 袁亚湘, 孙文瑜.最优化理论与方法[M]. 北京: 科学出版社, 2007.

致　谢

时光匆匆，从 2013 年 9 月到重庆大学数学与统计学院开始攻读硕士学位到来到太原理工大学，已经十年了。2013 年 9 月—2016 年 6 月，在王开荣老师门下，我顺利地取得了重庆大学的硕士学位。2016 年 9 月—2019 年 6 月，我转入何传江老师门下，继续在重庆大学数学与统计学院完成了博士学业，取得了重庆大学博士学位。感谢我的博士生导师、硕士生导师、同门和研究生朋友，在我读硕士和博士期间给我的帮助和关心。

2019 年 7 月，我进入太原理工大学大数据学院工作，讲授“信息与最优化算法”课，主持过国家青年基金项目、山西省青年基金项目，还在 SCI 和中文核心期刊发表了十余篇文章。2023 年 5 月，学院加入计算机学院，正式成立了新学院。感谢李灯熬校长、陈永乐院长、强彦院长、李东喜院长、赵涓涓院长、牛保宁教授、郑文教授、王莉教授、陈泽华教授等，给我的工作和生活提供了很多建议和帮助。

作为青年教师，我将继续努力，借助学院的优质平台，争取为学院的发展尽自己的绵薄之力。

在太原理工大学，我还收获了幸福的家庭，我的爱人也是太原理工大学的老师，并有一个可爱的小朋友。小朋友马上就要上理工大的幼儿园了。我们一家都是理工人。我要感谢我亲爱的父母、爱人和孩子，一直对我的支持、鼓励和陪伴。

高佩婷

2023 年 11 月于太原